인테리어 건축을 위한 드로잉

정수임 저

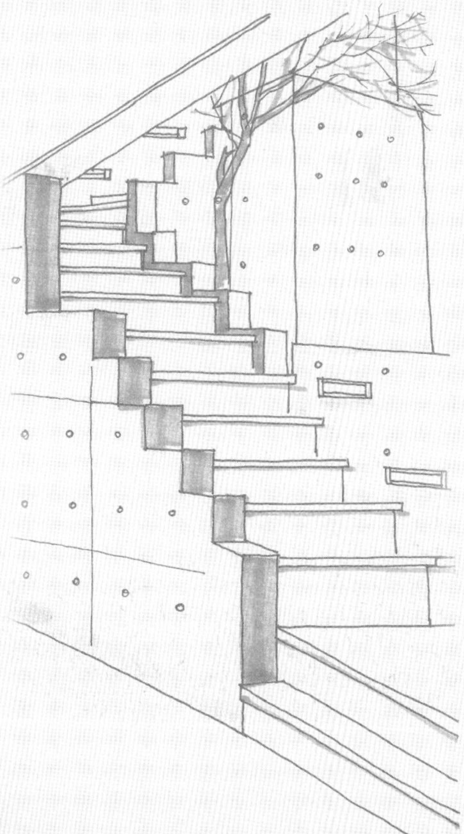

Interior & Architecture Drawing

드로잉(drawing)의 의미는 눈에 보이는 물질적인 대상들뿐만 아니라 개념 · 사고 · 태도 · 감정 · 환상, 상징과 추상적 형태 등을 선으로 표현하여 그리는 것을 말한다. 드로잉은 재작업이나 복제가 가능하기도 하지만 기본적으로 바탕 재료(대개의 경우 종이) 위에 직접 그리는 것을 가리킨다.

光文閣
www.kwangmoonkag.co.kr

서문

디자인을 구상하고 계획하는 데 있어서 표현하는 방법은 여러 가지가 있다.

스케치(sketching)도 있고 드로잉(drowing)도 있으며 정밀하게 묘사하기도 하고 일러스트(illustration), 렌더링(Rendering) 등의 용어에서 살펴보면 그린다는 기본적인 방법에서 재료의 사용이나 테크닉에 따라 분류되는 것을 알 수 있다.

이 책의 목적은 대상물에 대한 가장 기본적인 스케치와 명암이나 색채를 간단하게 처리하는 방법으로 터치나 질감을 주지 않고 마카라는 재료를 사용하여 짧은 시간 안에 표현하는 연습을 하는 것이다. 좀 더 정밀하고 제품적인 표현 기법을 하기 위한 기초 작업으로서 선의 연습과 형태의 비례감을 동시에 적용시키며 아이디어가 떠오를 때나 그리고자 하는 대상이 나타났을 때 유용하게 사용할 수 있는 방법이다.

진정한 디자이너가 되고자 한다면 언제 어디서나 작은 드로잉북과 연필, 펜만 주어지면 쉽게 그려낼 수 있도록 연습하는 것이 컴퓨터에 의한 완성되고 완벽한 작업이나 사진으로 찍어놓은 공간의 다양한 소재들보다 작품성도 있고 디자이너로서의 능력도 인정받게 된다.

머리말

보이는 사물을 직접 그려보고,

보이지 않는 또 하나의 공간을 채워나가는 작업은

무한한 상상력과 무한한 잠재력을 키워주는 원동력이 될 것이다.

주변의 사물에 항상 관심을 가지고 애착을 느끼며

눈에 새기고 가슴에 담고 카메라에 남겨서

빈 공간을 완성해나가는 성취감은 디자이너로서 최소한의 예의로 보여질 것이다.

사랑하는 딸들을 만나러 갔던 시드니에서 너무나 아름다웠던 건축물과 환경과 디자인을 보면서 정밀묘사 책을 낸지 10여 년 만에 드로잉에 관련된 교재를 낼 용기가 생겨 부족하지만 설레는 마음으로 조심스럽게 시작해본다.

이 책을 참고로 드로잉을 시작하려는 학생들은 선 하나하나에 마음을 담아

멋진 작품으로 완성해가기를 비는 마음이다.

끝으로 이 책의 출판에 애를 써주신 광문각출판사 박정태 사장님과 임직원 여러분께 깊은 감사를 드린다.

2010, 02

정 수 임

목차

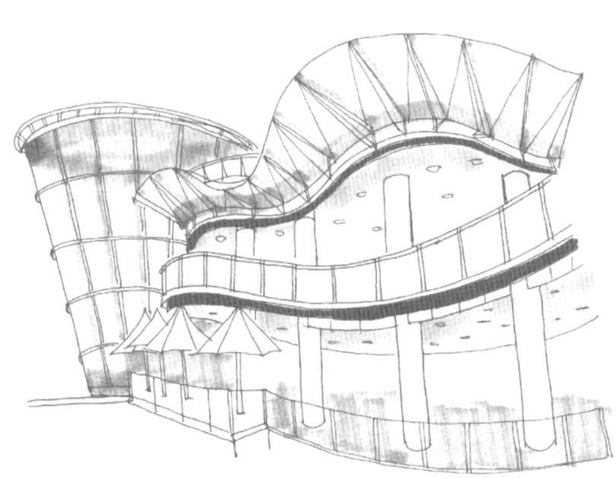

1 기초 작업 드로잉

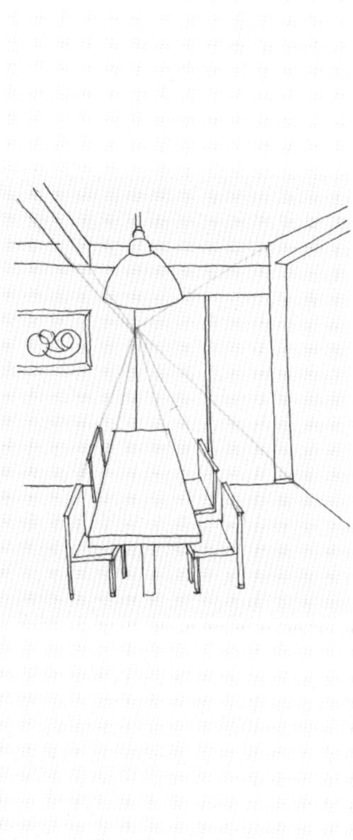

interior&architecture drawing

01 기초 작업 드로잉

드로잉(drawing)의 의미는 눈에 보이는 물질적인 대상들뿐만 아니라 개념·사고·태도·감정·환상, 상징과 추상적 형태 등을 선으로 표현하여 그리는 것을 말한다. 드로잉은 재작업이나 복제가 가능하기도 하지만 기본적으로 바탕 재료(대개의 경우 종이) 위에 직접 그리는 것을 가리킨다.

드로잉은 그리는 방법이 직접적이기 때문에 선의 사용에 따라 개성과 표현 능력이 나타나므로 디자이너만이 할 수 있는 가장 개성적인 표현 방법이라 할 수 있으며, 디자이너에게 있어서는 필수 능력이라고 볼 수 있다.

서양미술의 발전 과정을 살펴보면 드로잉에서의 선은 그 자체로서 표현되었다기보다 인체, 색면, 면 분할 등의 경계 설정이나 대상의 재현적 표현 수단이 되어 왔다. 드로잉은 중세 고딕 건축과 모자이크나 벽화의 밑그림 스케치 또는 조각상과 부조에 대한 준비 그림이나 건축 드로잉에 사용되는 보조 수단이었다. 드로잉은 선으로 3차원의 대상을 평면 위에 표현하고 그것을 추상화시킨다는 가능성을 전제로 하기 때문에 상당히 정신적인 작업이라고 할 수 있다.

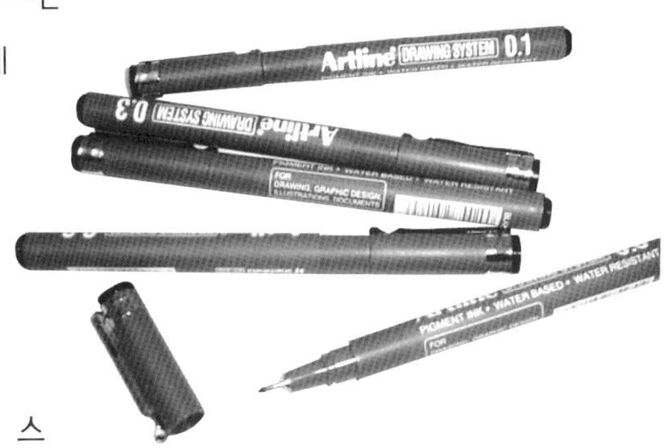

드로잉 펜

그런 드로잉의 기본적인 표현 방법이 스케치였다. 스케치란 전달하고 싶은 이미지나 아이디어에 대한 발상을 적

절한 방법에 의해 표현하는 것이며 스케치는 간단한 매체(펜, 잉크, 연필, 초벌 도료나 수채화용 물감)를 이용하여 시각적 경험을 기록하는 가볍고 즉흥적이며 완성된 그림의 한 양식으로 변화했다. 밑그림용 스케치는 대체로 전체적인 설계와 구성, 배치 및 전반적인 느낌을 나타내는 데 역점을 둔다.

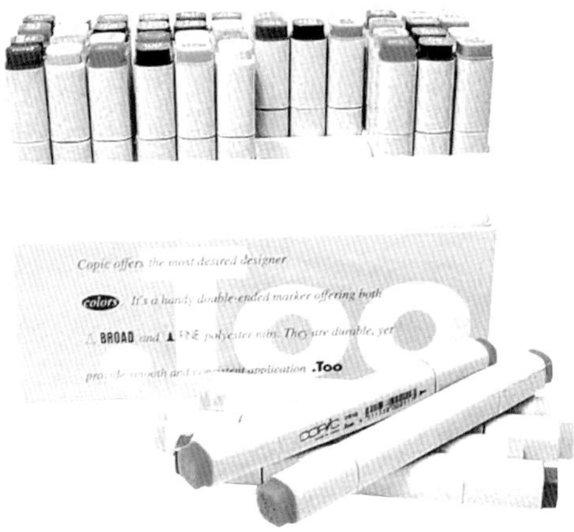

마카

드로잉 펜

스케치북

[그리기 전 유의사항]

1. 먼저 그리고자 하는 대상을 잘 관찰한다.
2. 그려질 스케치북의 크기와 대상의 크기에 대한 비례를 생각한다.
3. 어느 위치에 얼마만한 크기로 그릴 것인지 여백은 얼마나 남길 것 지 고려한다.
4. 스케치북에 그려질 그림의 범위를 먼저 설정하고 그 범위 안에서 계획을 잡아 스케치한다.

레이아웃 선정

1. 선 연습

형태를 만드는데 가장 많이 사용되는 것이 선이다. 머리에서 생각으로 그려보는 형상들의 면이나 질감, 윤곽 등이 선으로 표현된다. 또한, 눈으로 보이는 모든 사물을 표현할 때 기본이 되는 것 역시 선이다. 그중에서도 프리핸드의 자유로운 선을 그리는 것은 기본이다. 따라서 자유자재로 자신 있는 선을 그리기 위해 많은 연습이 필요하다. 처음에는 줄이 쳐진 노트에서 선을 따라 바르게 긋는 연습을 하고 자신감이 붙으면 스케치북에서 **수평선, 수직선, 사선, 와선**을 자유롭게 그려낼 수 있도록 연습한다. 선 연습이 제대로 되지 못하면 스케치에 자신이 생기지 않고 흥미를 잃게 될 수 있으니 꾸준한 연습이 필요하다.

선을 그릴 때는 선과 선의 간격을 유지 하는 것이 중요하며 선의 굵기를 일정하게 할 필요가 있다. 물론 선의 굵기 조절에 따라 음영 차이가 생기고 질감을 느끼게 되지만, 선 연습의 기초에 있어서는 일정한 간격과 굵기를 유지하여 프리핸드로 그린 선이 마치 자를 대고 그린 듯 일정하게 보이면서도 유기적인 생명감이 느껴지게 하는 것이 중요하다. 이를 위해 손목과 팔꿈치를 이용하여 자연스러운 힘의 조절이 필요하다.

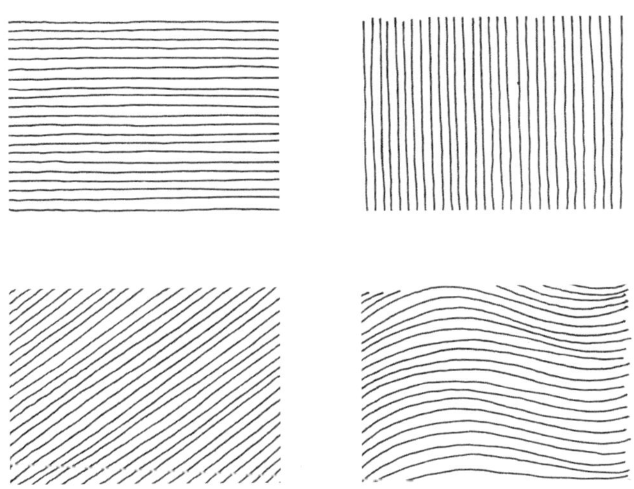

선 연습 1

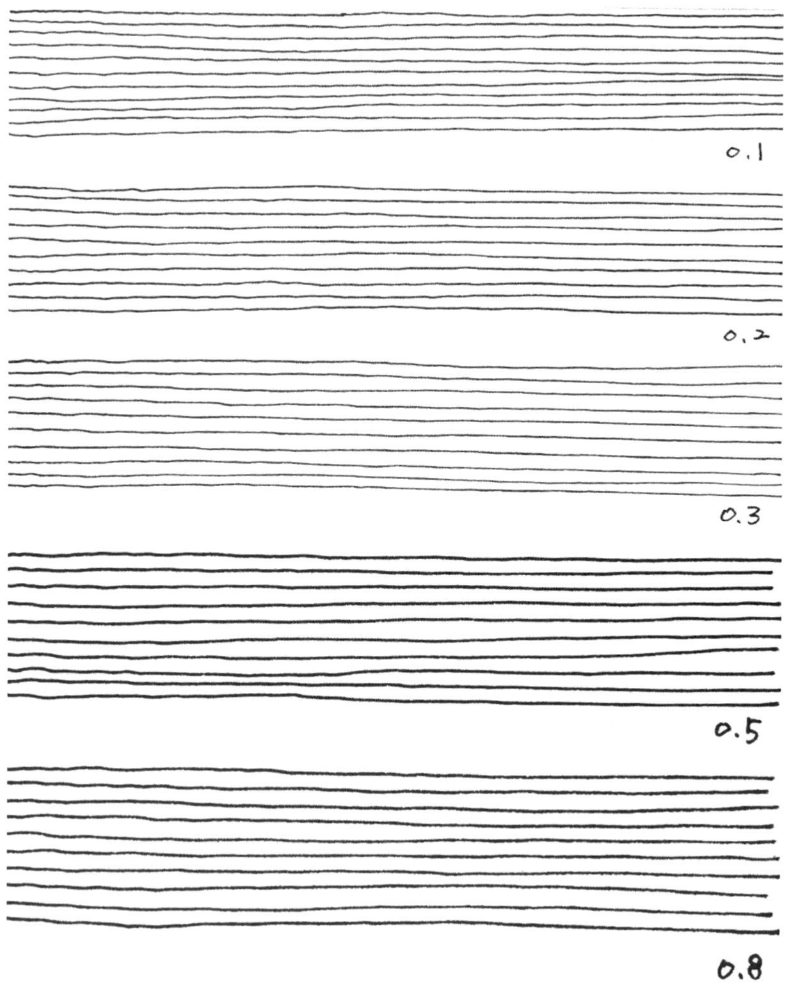

● 선 연습 2

드로잉 펜의 굵기에 따라 선의 굵기가 달라진다.

2. 실내 공간 표현 시 초점 찾기

표현하고자 하는 공간의 기준이 되는 벽면을 중심으로 1점 투시나 2점 투시법에 의해 소점을 찾아 선을 그려나간다.

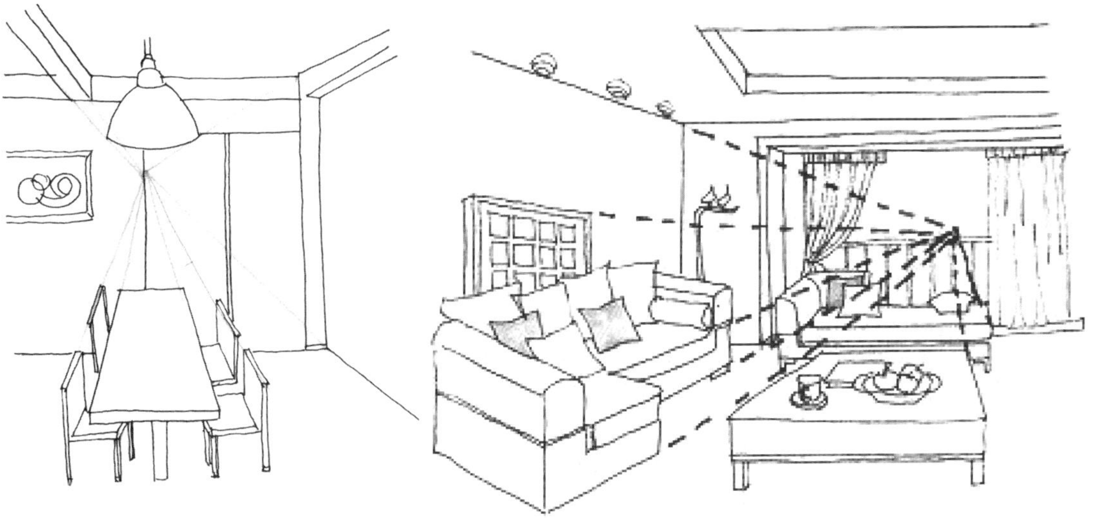

실내 공간 초점 찾기

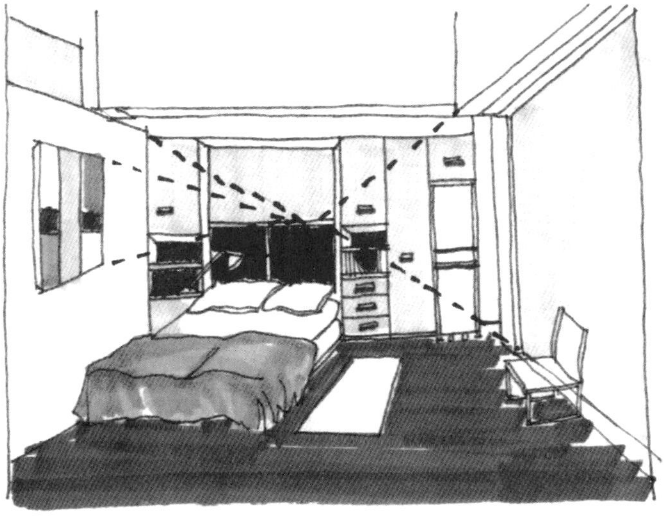

3. 인물 표현

공간에서의 인물 표현은 그 공간의 스케일이 되는 중요한 표현 방법이다.
디테일한 표현보다는 간단한 실루엣 정도로 하여 이미지를 분산시키지 않는 것이 중요하며,
공간의 용도에 따라 적당한 포즈를 그려 넣어 활력을 주도록 한다.
인물 도안을 참고로 스케치 연습을 많이 하는 것이 자연스러운 표현에 도움이 된다.

실내 공간에서 표현할 수 있는 사람의 행동이나 동작을 기본으로 구체적인 표현에서 점차 변화시켜나가 공간이 요구하는 인물 표현을 한다.

인물 표현

4. 마카 연습

마카는 방향을 일정하게 맞추어 칠하며 시작과 끝이 같아지도록 마무리 하여야 정리된 이미지를 줄 수 있다.

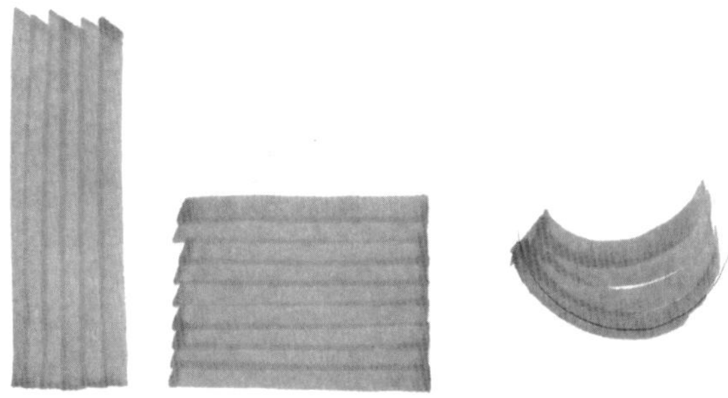

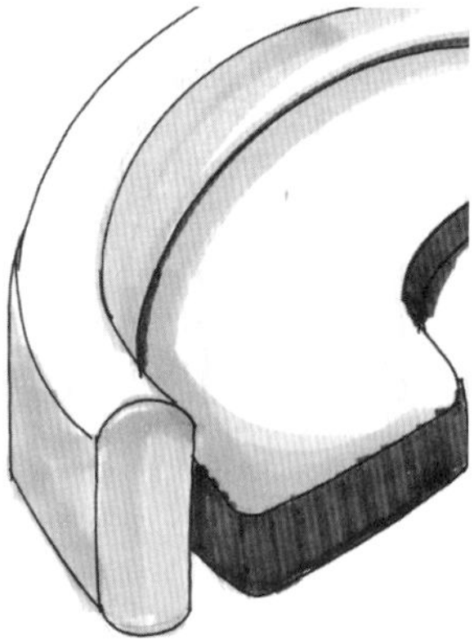

● 물체의 형태에 따라 마카의 결을 주면 입체감을 주게 되며 공간의 부피감도 느끼게 한다.

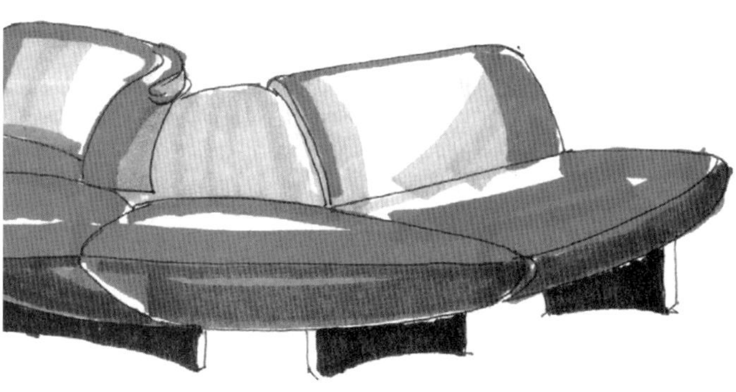

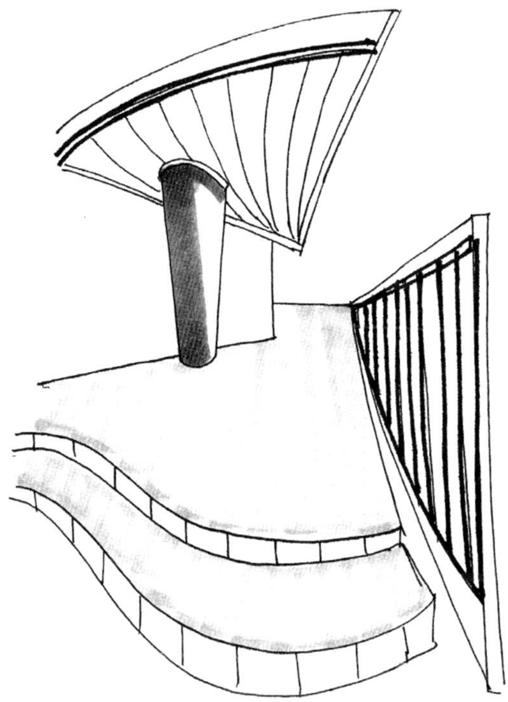

● 마카 연습

5. 식물 표현

여러 가지 형태의 수목은 실내와 실외로 구분되고 실내에 배치될 작은 화분은 공간의 요소로서 활기를 부여한다. 건물 외부에 표현될 나무는 일반적인 기본 형태에 나뭇잎의 모양과 표현으로 계절을 표현할 수도 있다.

여러 가지 형태를 기본으로 그리는 연습을 해본다.

● 식물 표현

나무나 꽃 등은 사진을 찍어서 또는 실제 대상을 보면서 그리는 연습을 하면 된다.
기본적인 형태 몇 가지만 익혀놓아도 필요 시 편리하게 사용할 수 있다.

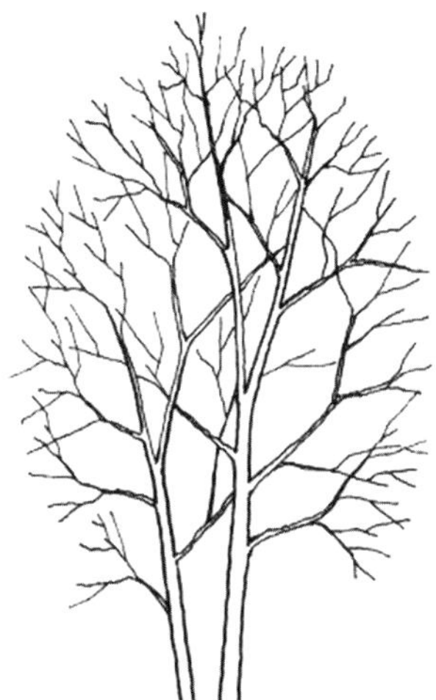

2

제품 드로잉

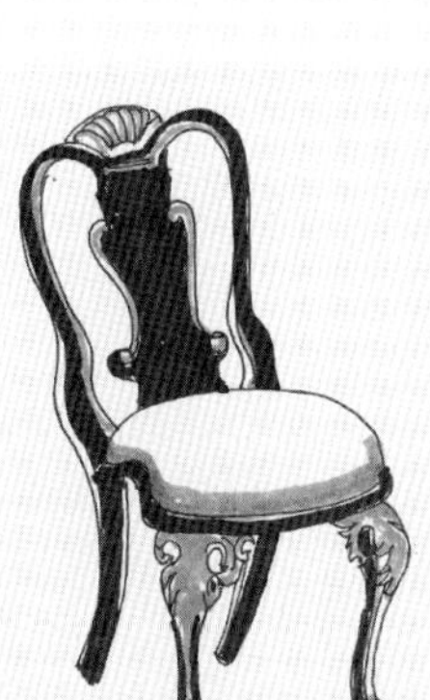

02 제품 드로잉

1. 의자

그리는 순서는 의자의 전체 매스를 하나로 보고 입체적인 박스 형태로 틀을 잡는다. 각 부분으로 분절하여 윤곽을 잡고 디테일하게 표현하며 명암 부분은 마카로 처리한다. 의자의 위치를 여러 방향으로 잡아보고 의자 제품의 사진을 참고로 하여 다양한 형태와 디자인을 스케치해본다.

그리고자 하는 제품의 형태로 파악하고 전체적인 비율을 조정하면서 세부적으로 그려 나간다.

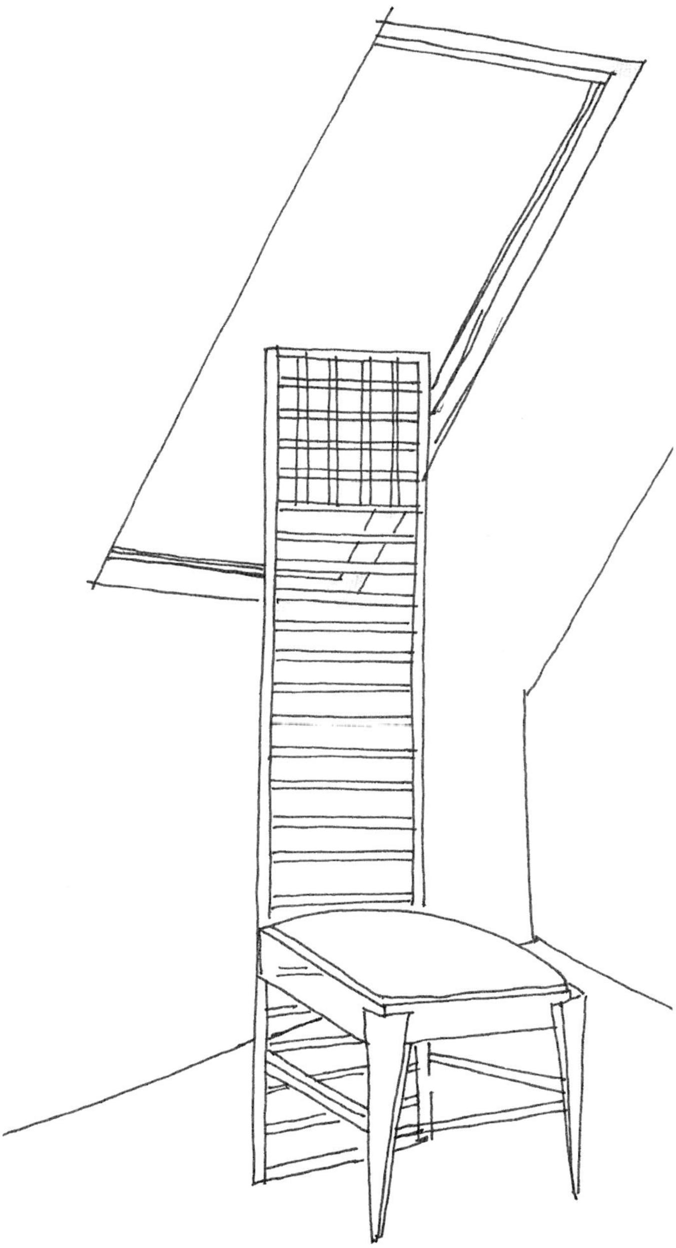

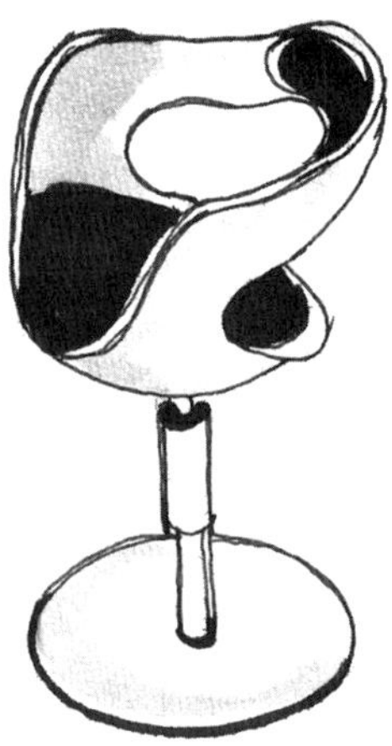

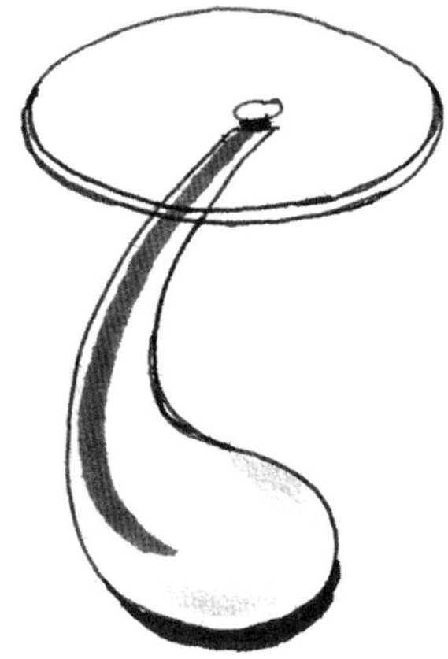

다양한 형태의 의자를 표현해 봄으로써 공간의 필요에 맞는 가구를 그려 넣을 수 있다.

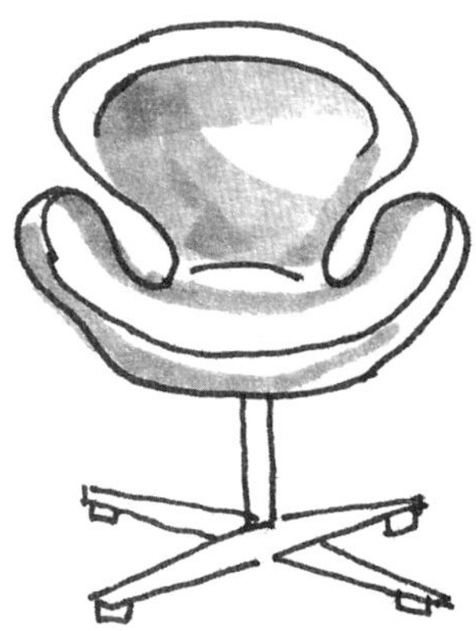
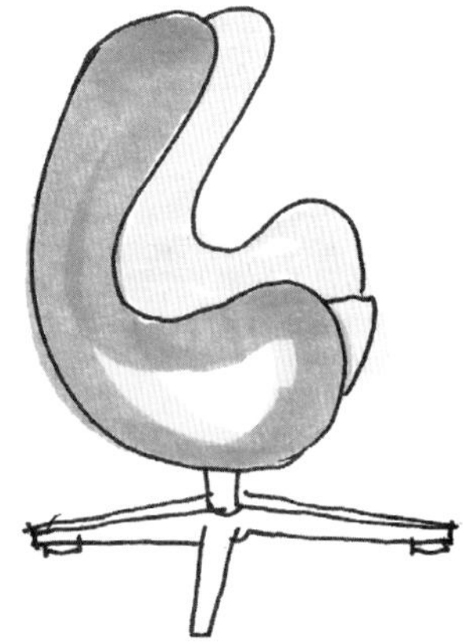

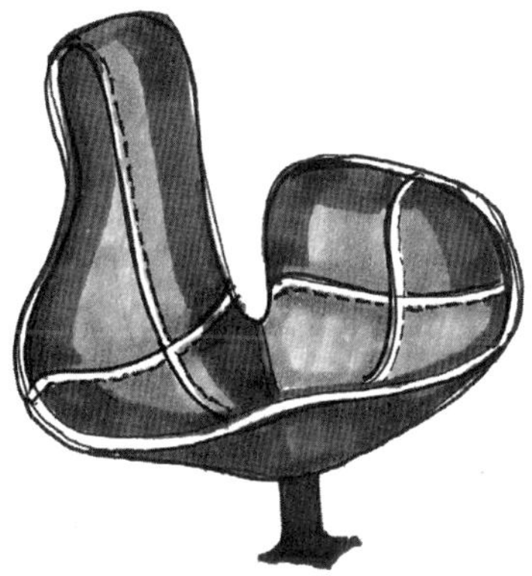

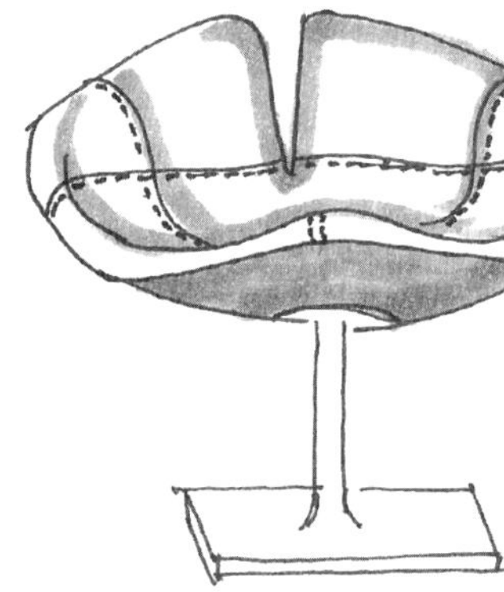

의자에 장식이 있을 경우 조금은 상세하게 표현하는 것이 전체 이미지를 돋보이게 한다.

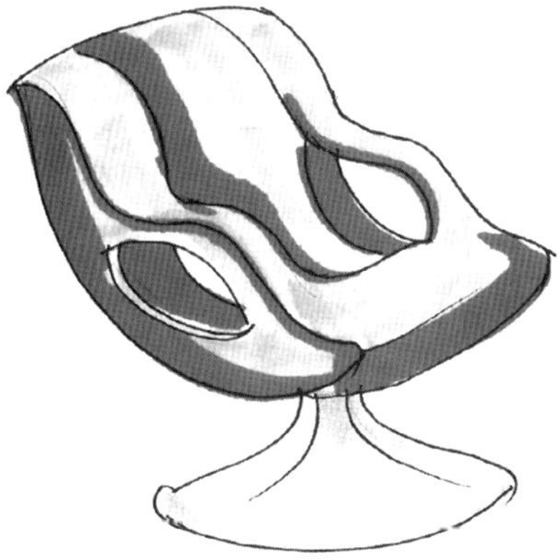
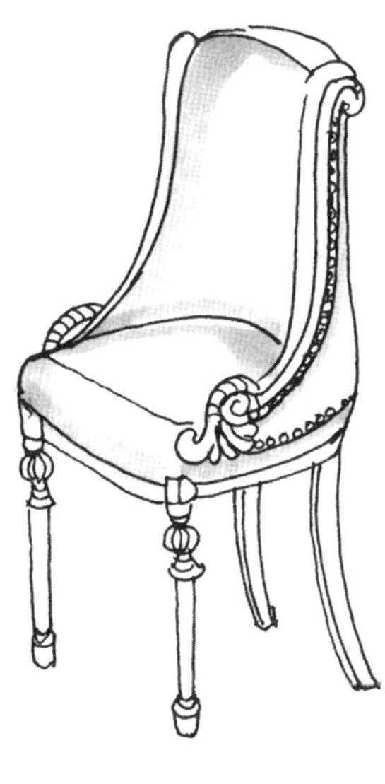
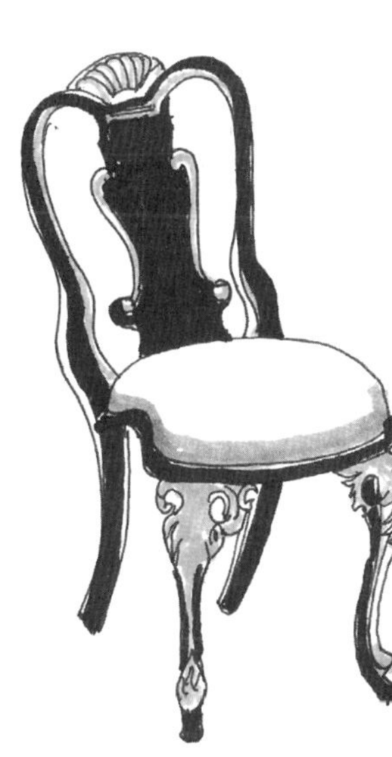

다양한 디자인의 의자 드로잉

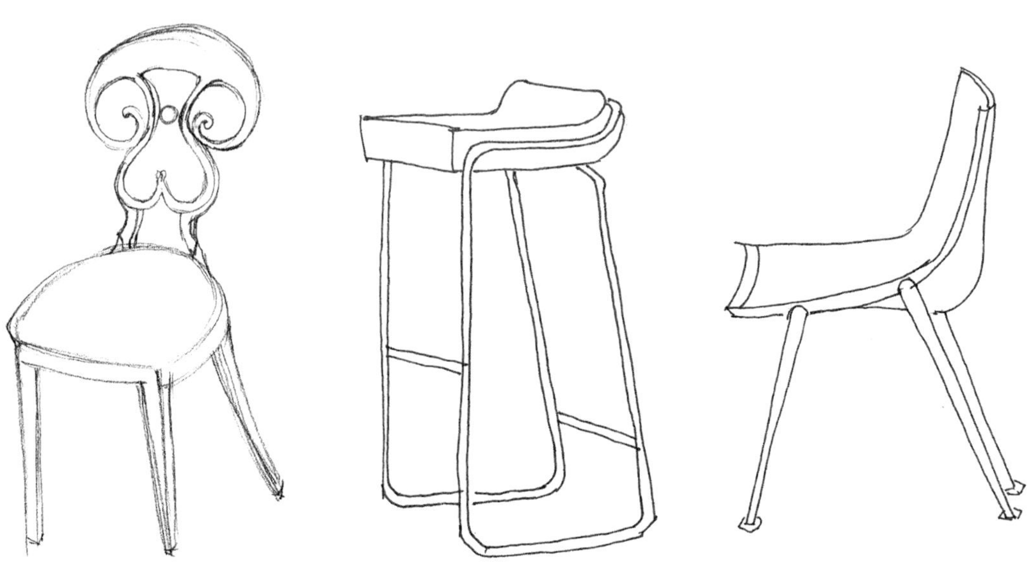

2. 소파

소파의 기본 형태를 비례로 하여 박스로 틀을 잡고 각 부분으로 분절하여 윤곽을 잡는다.

소파는 등받이의 각도와 크기를 균형 있게 표현하도록 한다.

공간의 목적과 이미지에 맞는 소파 제품의 사진을 참고로 하여 다양한 형태와 디자인을 스케치해본다.

1인용 소파 및 2인용, 3인용 소파를 그릴 경우 전체적인 비례를 먼저 설정하고 형태를 그리며 세부적인 표현을 간략하게 정리해나간다.

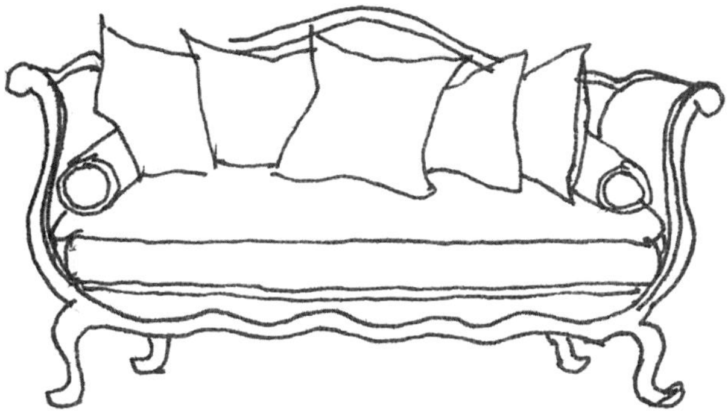

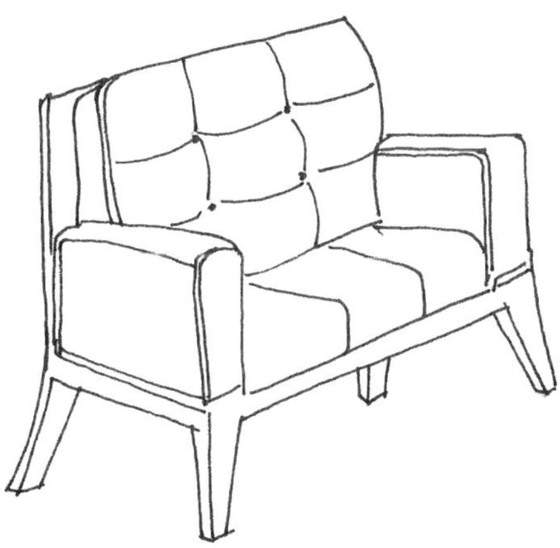

다양한 디자인의 쇼파 드로잉

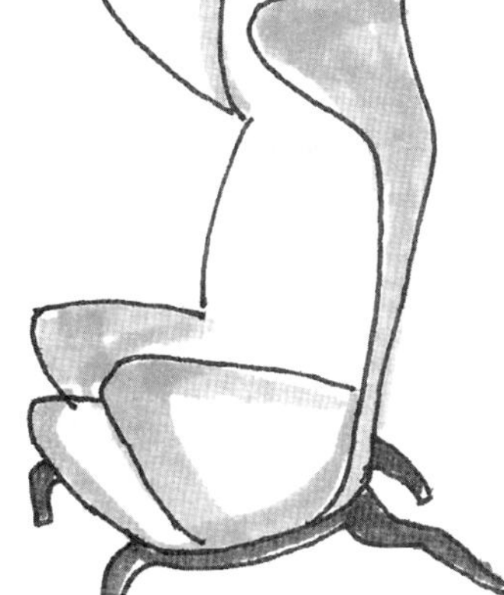

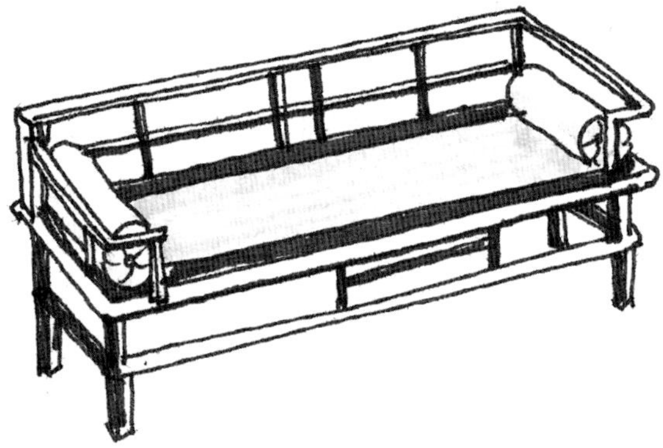

다양한 형태의 소파 형식을 그려봄으로써
각 공간의 요구되는 가구다자인을 표현할 수 있다.

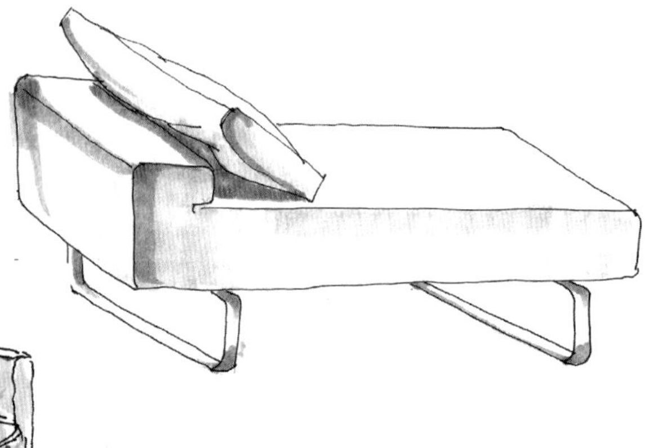

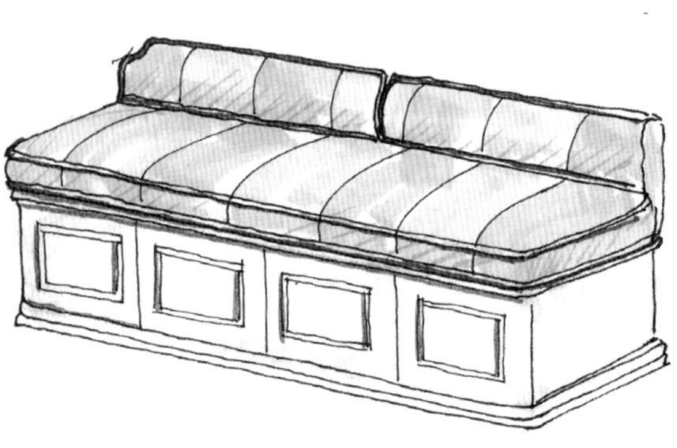

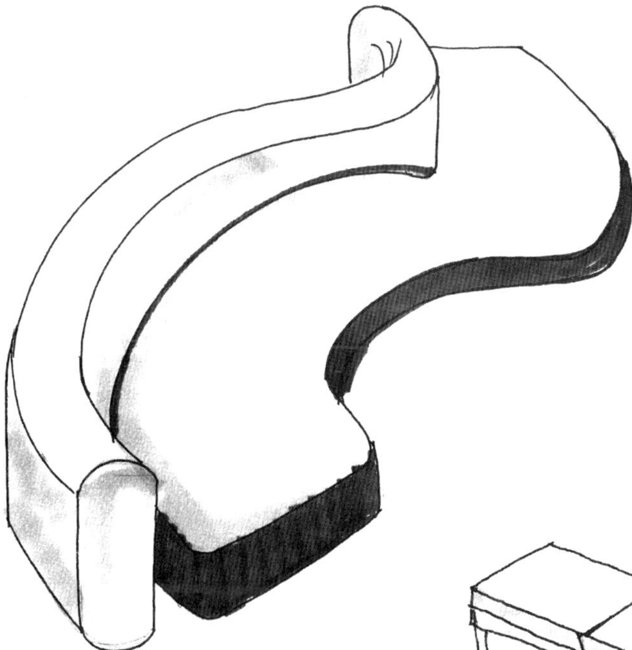

로비용 가구의 표현 시 공간에 대한 개념과 형태, 비례감을 함께 계획하며 스케치한다.

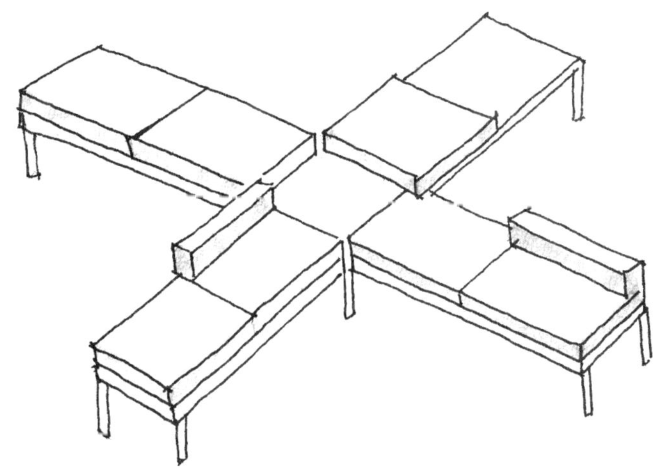

● 로비용 소파

3. 가구 -1(소품가구)

실내공간에서의 가구는 공간의 성격을 결정하는 중요한 역할을 하고 있다.
옷장이나 책장 등의 큰 가구는 실내공간을 스케치할 때처럼 투시도법으로 스케치하면 되고 장식이 있거나 작은 가구류는 스케치 연습을 많이 해서 익숙해 지도록 한다.
가구의 크기는 인체와 마찬가지로 공간의 척도가 되므로 비례감을 고려해야 한다.

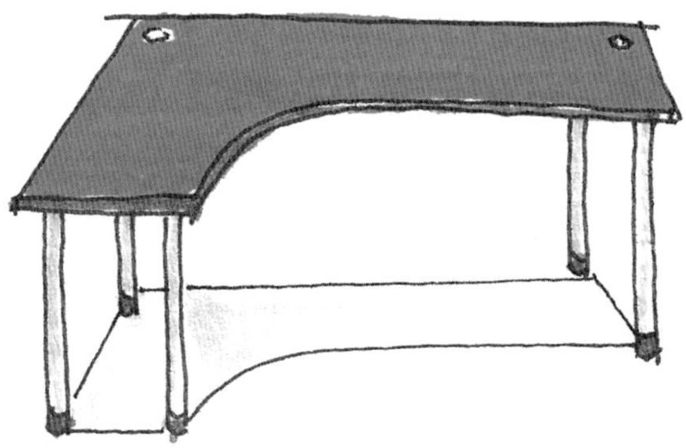

가구를 스케치할 때는 소품부터 그려나가며 부분적인 디테일한 표현을 간단하게 그려준다.

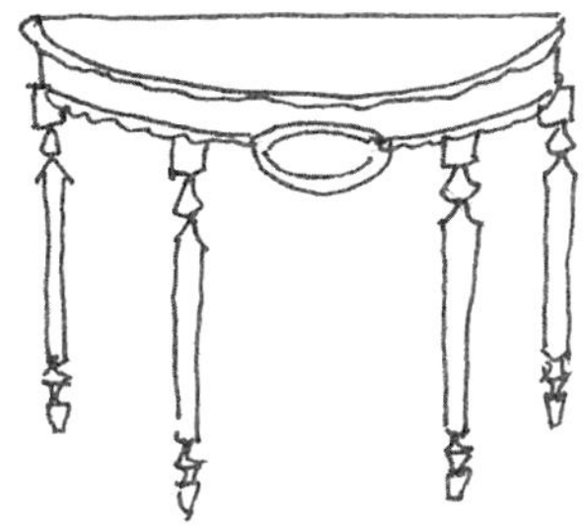

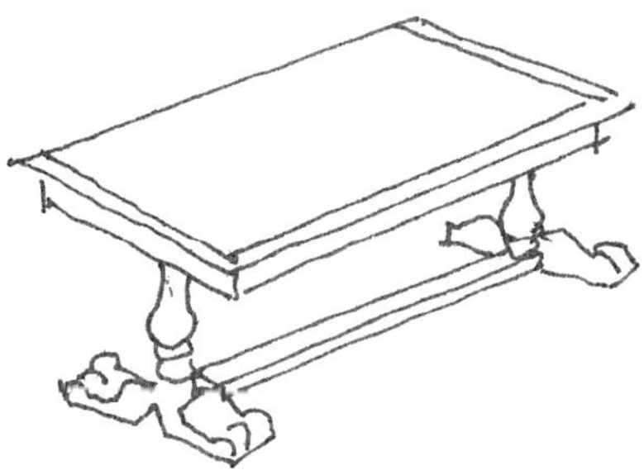

실내의 각 공간에 필요한 가구를 사진별로 선택하여 연습을 하면 실내 투시도를 그릴 때 많은 도움이 된다.

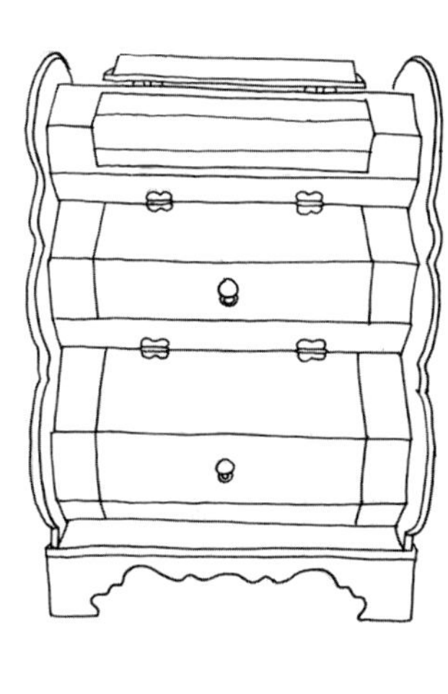

단일가구 화장대 스케치

단일가구 책상 스케치

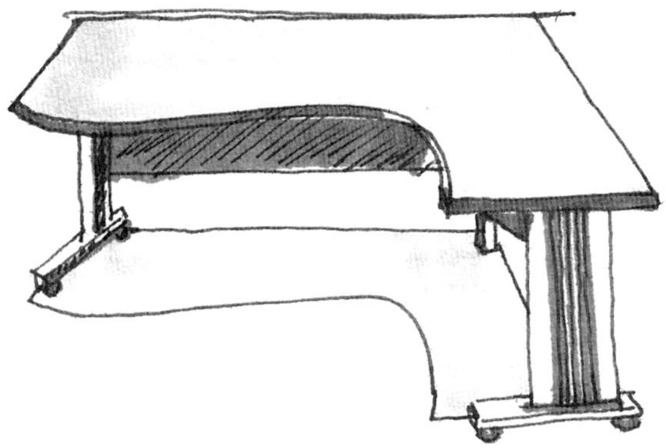

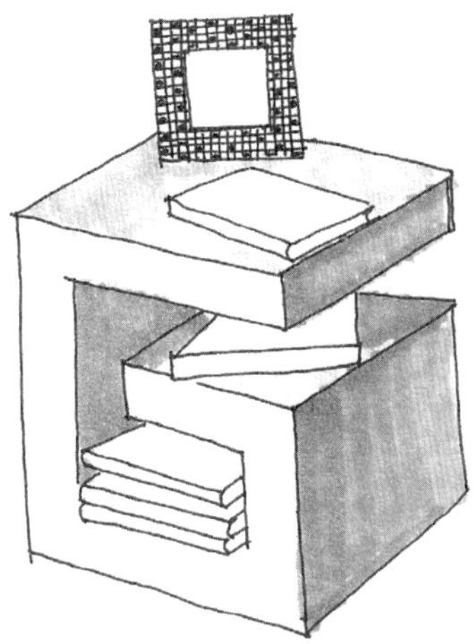

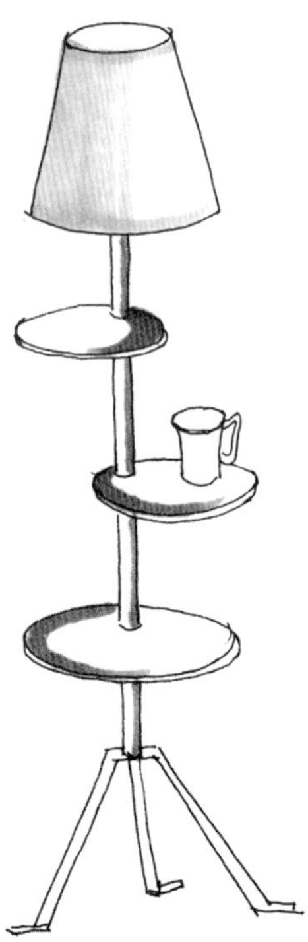

가구 -2 (그룹 가구)

단일 품목의 가구를 그리면서 충분히 연습이 되었다면 그룹으로 표현할 가구를 그려보기로 한다. 단일 품목을 그릴 때보다는 좀 더 복잡하므로 균형을 고려하며 전체적인 조화가 가장 중요하다. 테이블 중심으로 좌우, 전후에 배치될 의자의 방향과 형태에 주의를 기울이며 자연스럽게 보이도록 스케치한다.

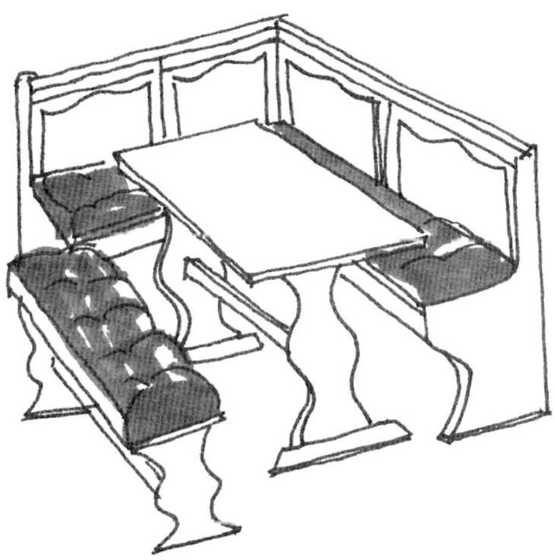

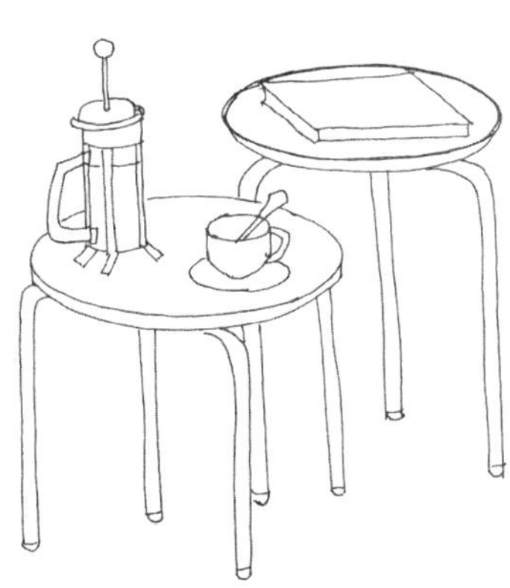

그룹 가구 스케치

● 그룹 가구 스케치

그룹 가구 스케치

다양한 테이블 스케치

4. 침대

주거 공간의 침실에서 가장 중요하게 표현된 침대가구는 다양한 디자인 양식이나 침실의 구성에 따라 표현 방법이 달라진다.

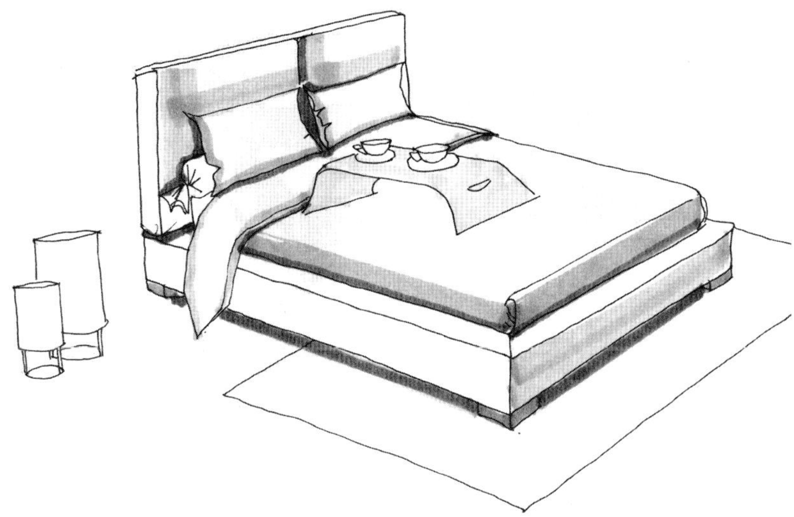

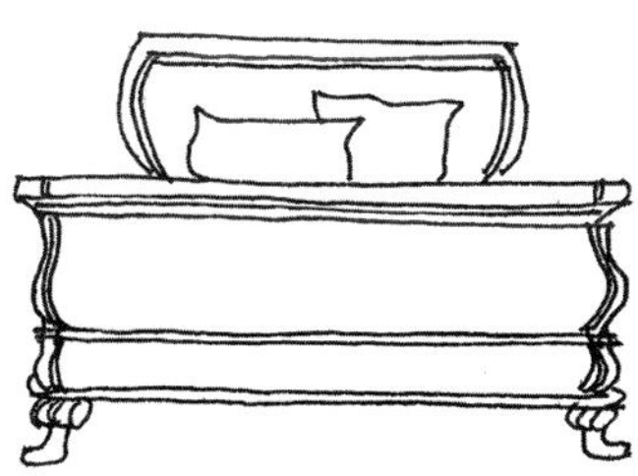

- 공간의 성격과 잘 어울리는 디자인을 선택하여 투시도법에 의해 스케치 해본다.

아동용 침대나 간이용 침대 등 다양한 용도와 디자인을 스케치한다.

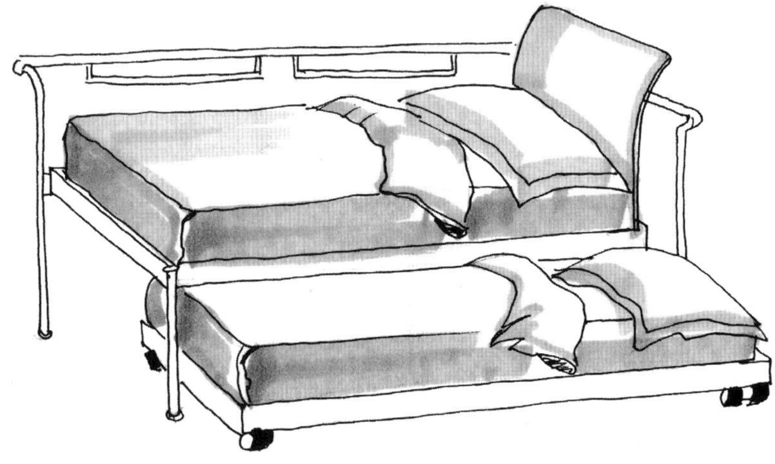

5. 조명

조명기구의 종류도 여러 가지가 있다.

용도와 디자인에 따라 공간의 요소로써 표현이 중요시되며 새로 나온 조명기구의 사진을 통해 그리는 연습을 해본다.

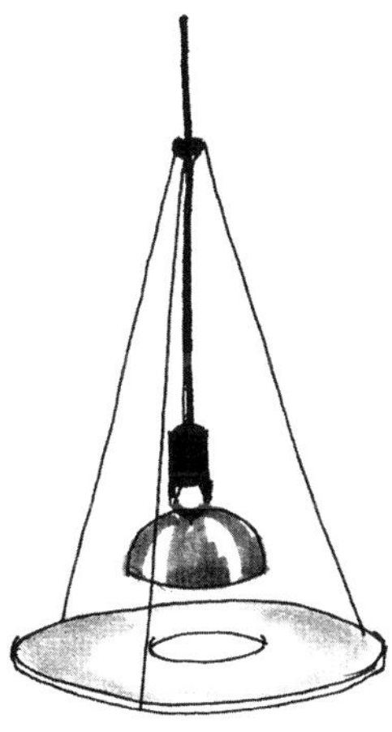
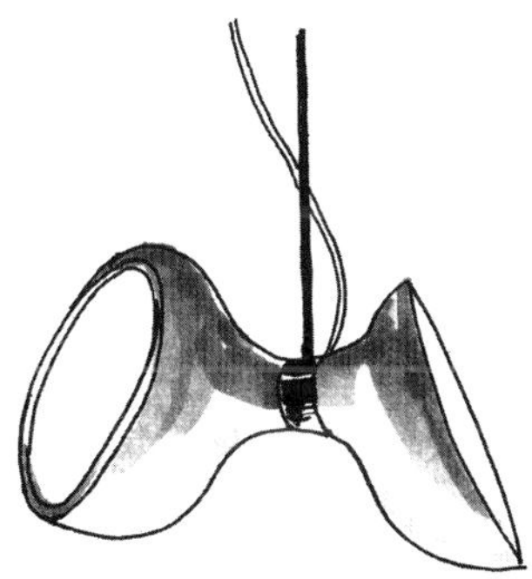
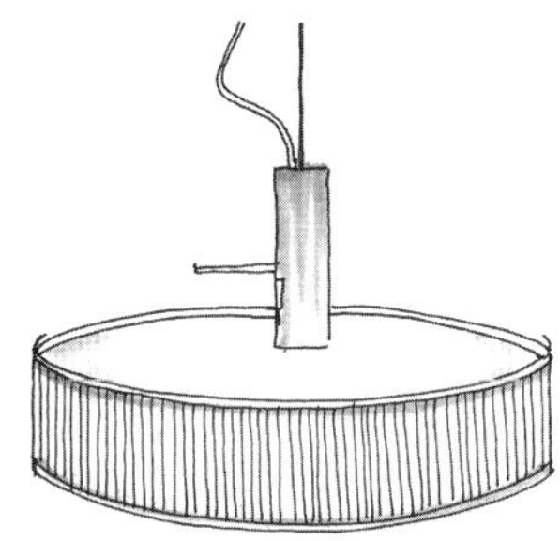
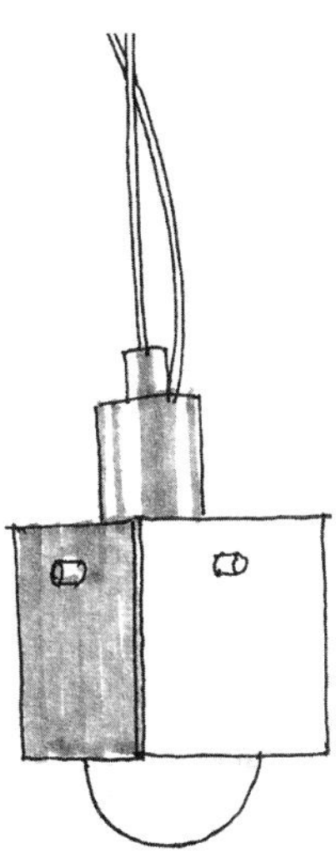
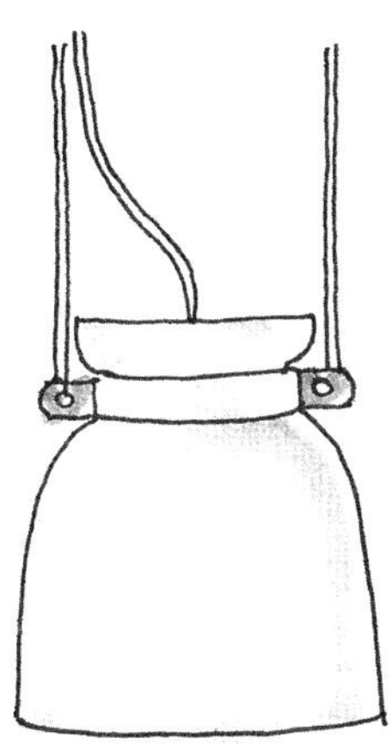
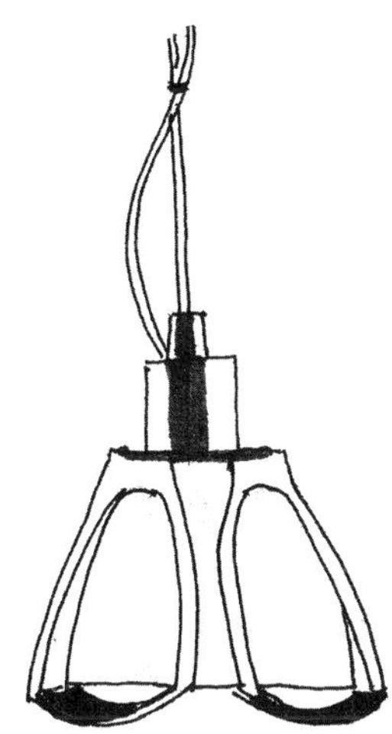

거실에 그려질 샹들리에는 화려하고 장식적이므로 좌우 대칭을 고려하여 섬세하게 스케치해야 한다. 다양한 조명 자료를 구하여 인내심을 가지고 그려보자.

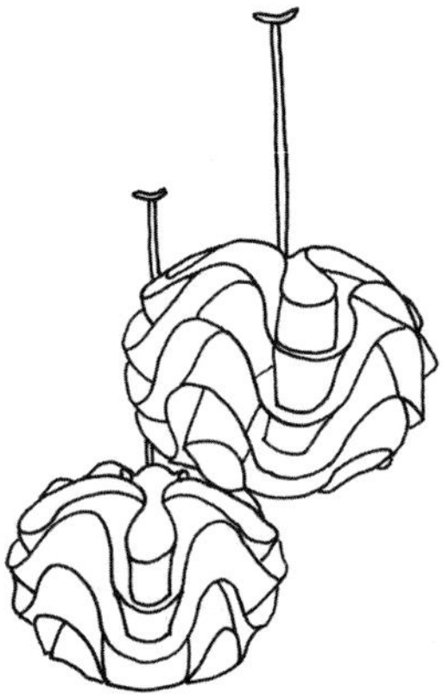

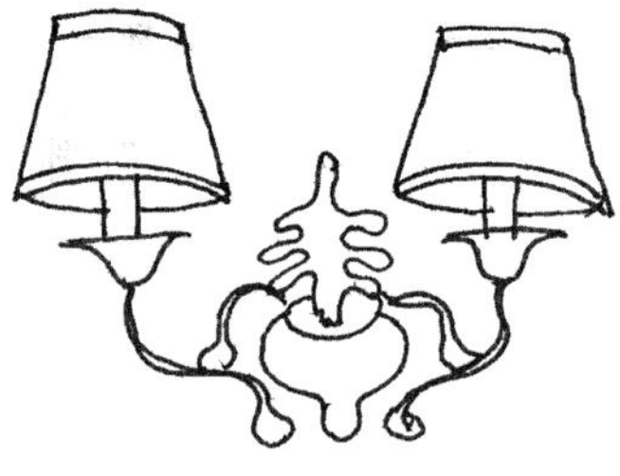

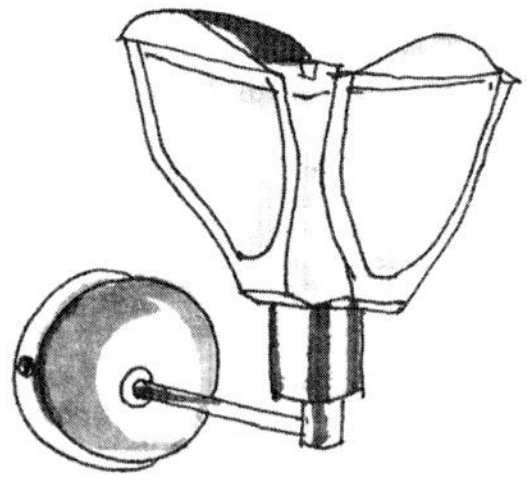
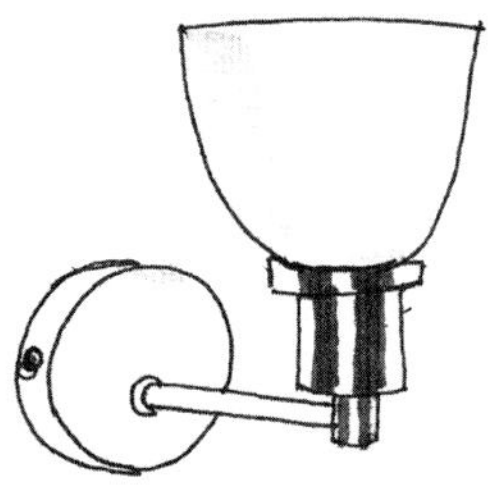
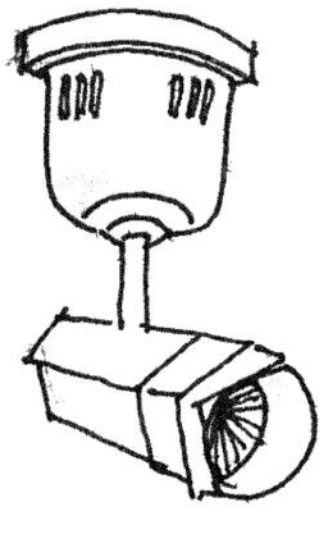

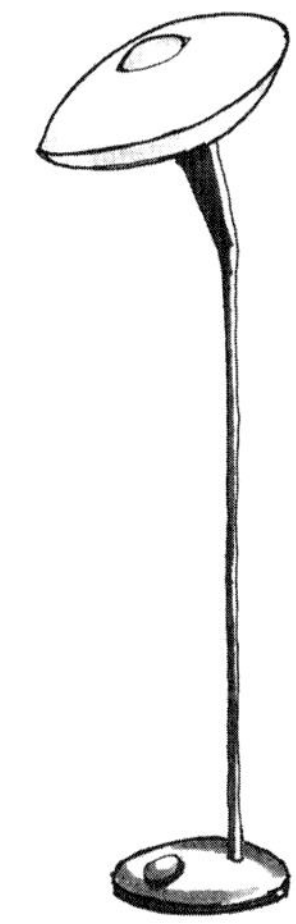

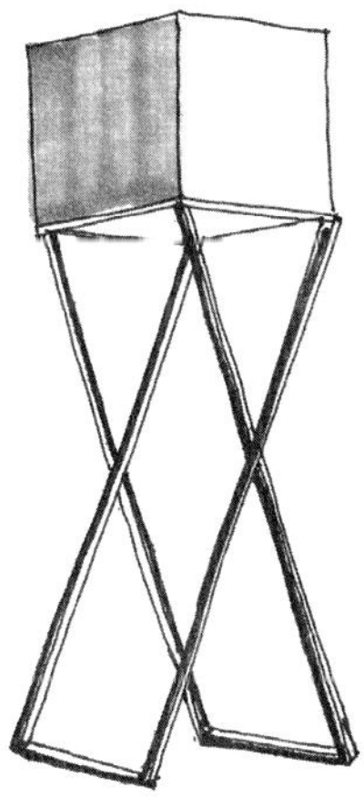

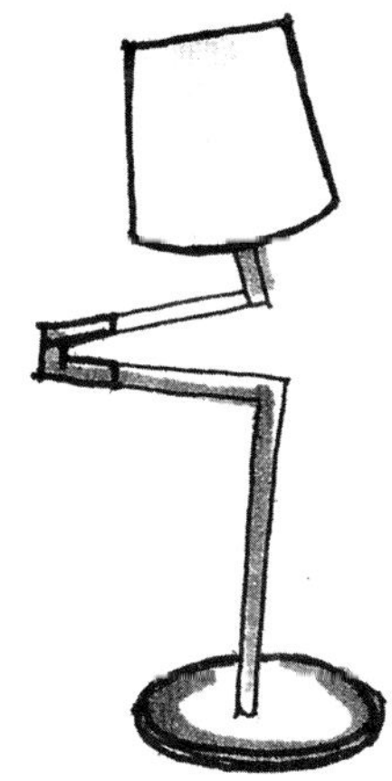

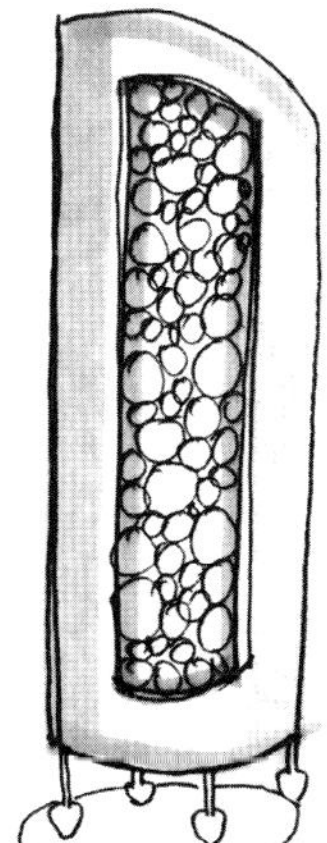

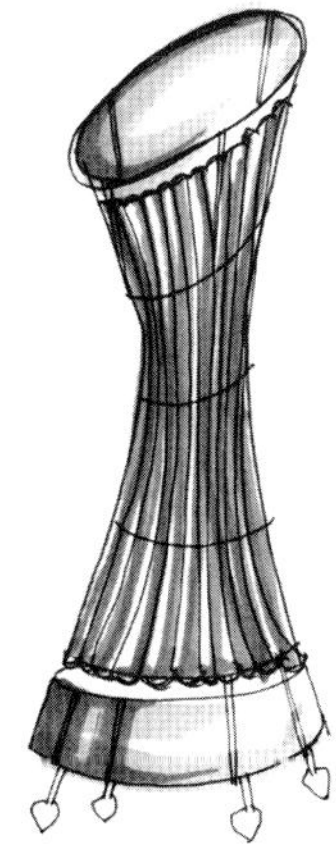

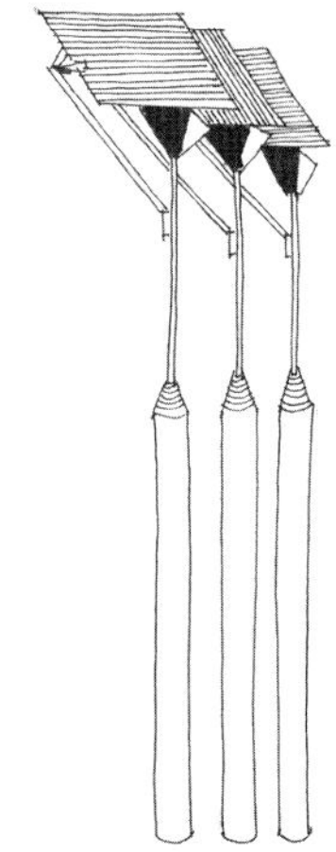

6. 욕실 제품

욕실에 사용되는 제품 중 가장 작은 용품부터 그려본다.

욕실 인테리어가 점차 고급화되어가는 추세이므로 새로운 제품에 대한 정보와 그 표현 방법을 연습해본다.

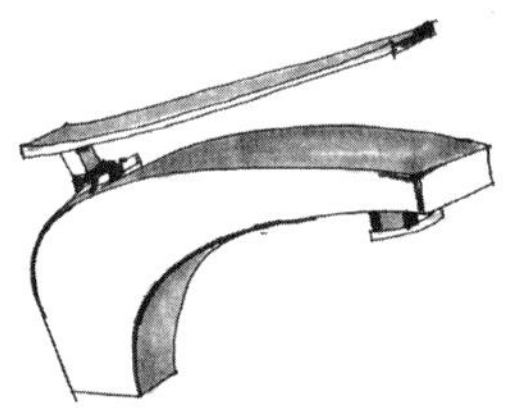

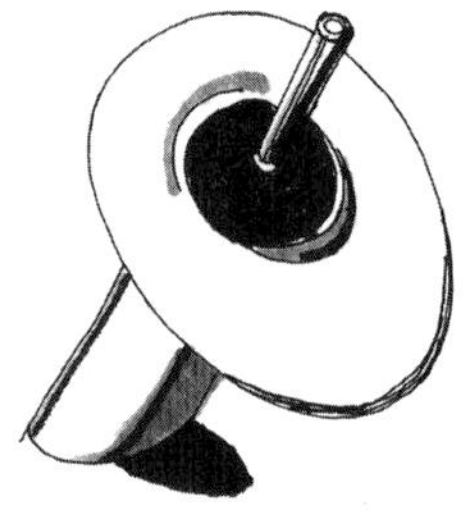

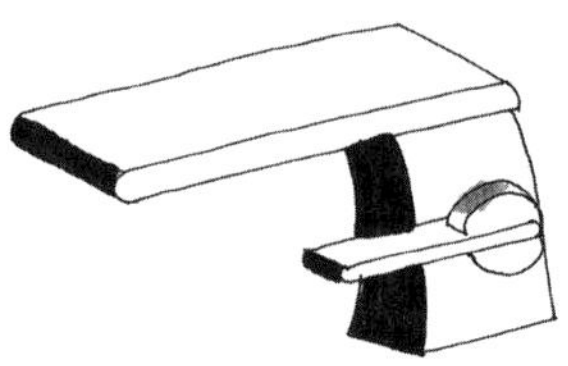

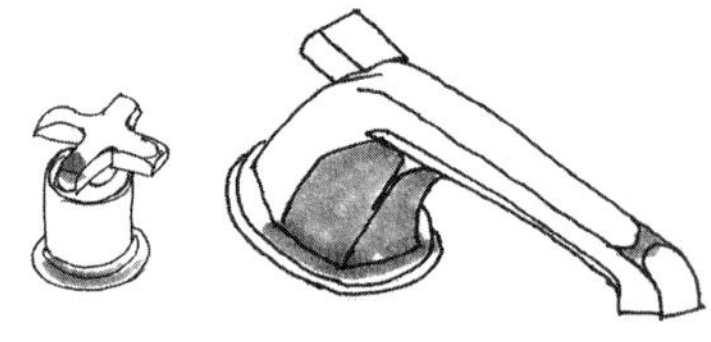

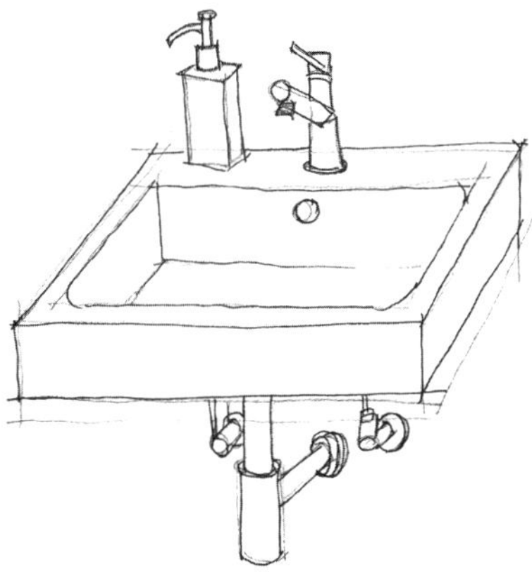

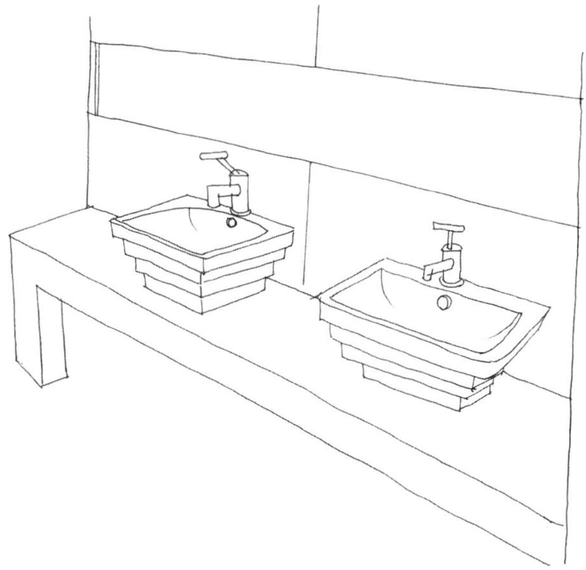

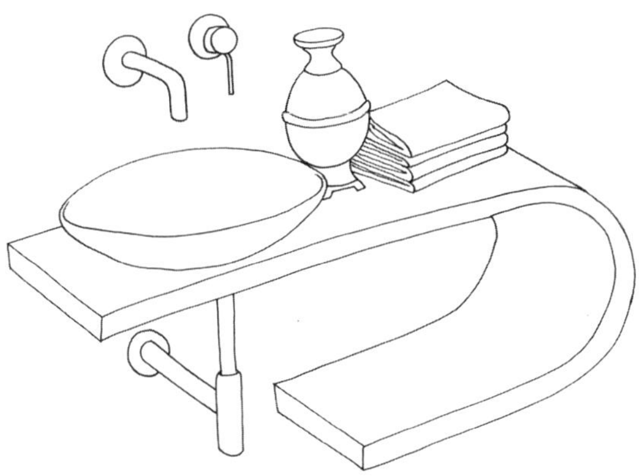

● 다양한 세면대 스케치

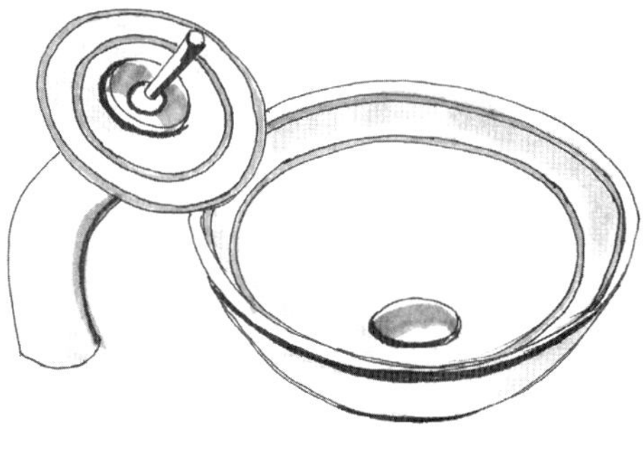

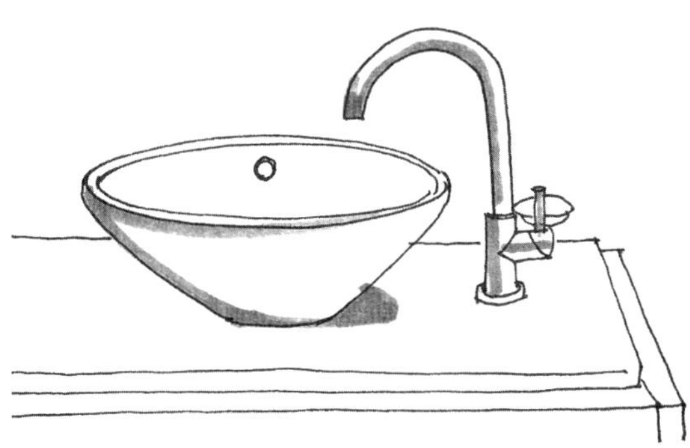

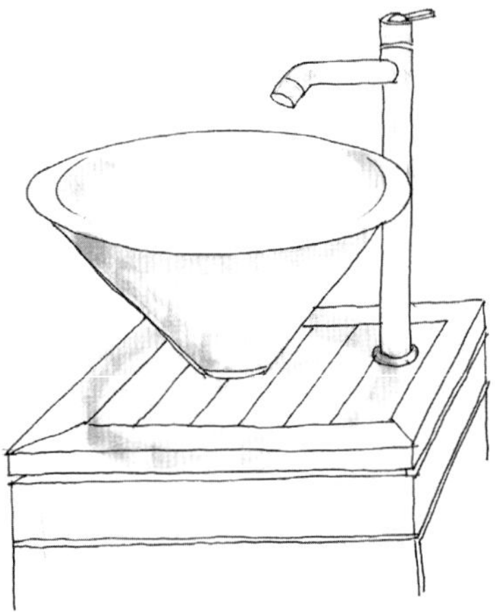

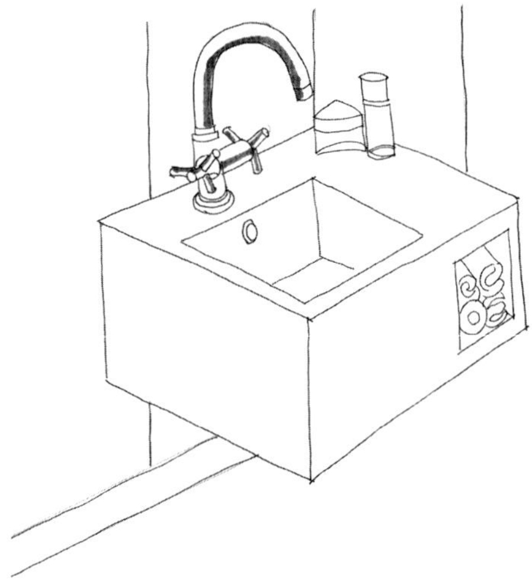

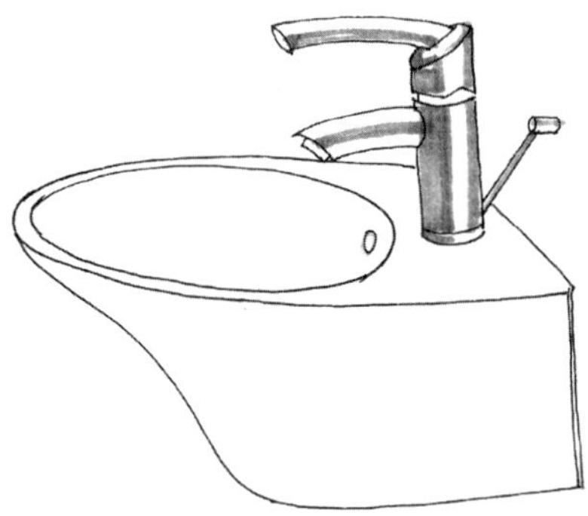

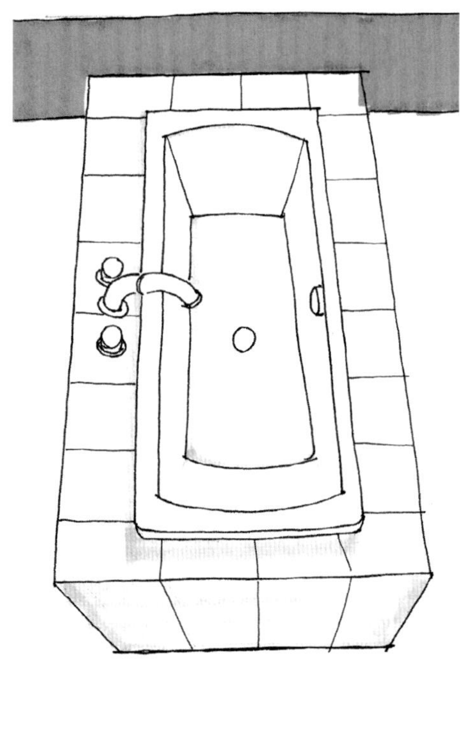

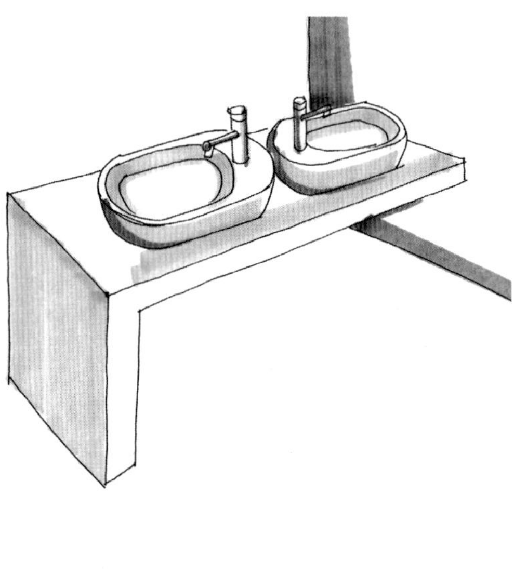

3

실내공간 드로잉

1. 거실

거실공간은 주거공간에서 가장 중심이 되는 공간이며 거실공간의 표현은 주택의 문화와 디자인 양식을 보여주는 대표적인 곳이므로 전체적인 균형과 조화적인 가구 선택이 필요하다.

본격적으로 공간의 전체 이미지를 표현하게 되므로 정확한 투시도법에 의해 스케치를 해야 한다.

그리고자 하는 거실 사진에서 투시도법에 의한 초점을 찾아 연결해 보면 자연스러운 선을 그려낼 수 있다. (※실내공간 표현 시 초점 찾기 참조)

● 거실 공간 드로잉

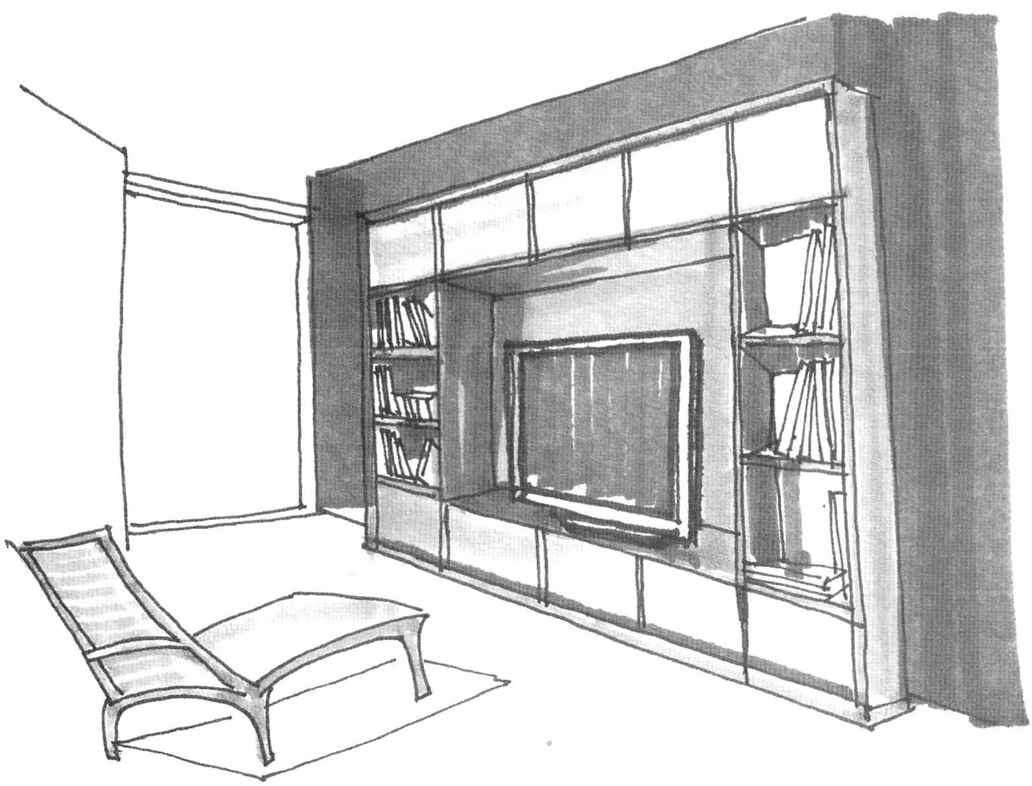

거실 공간 드로잉

● 거실 공간 드로잉

거실 공간 드로잉

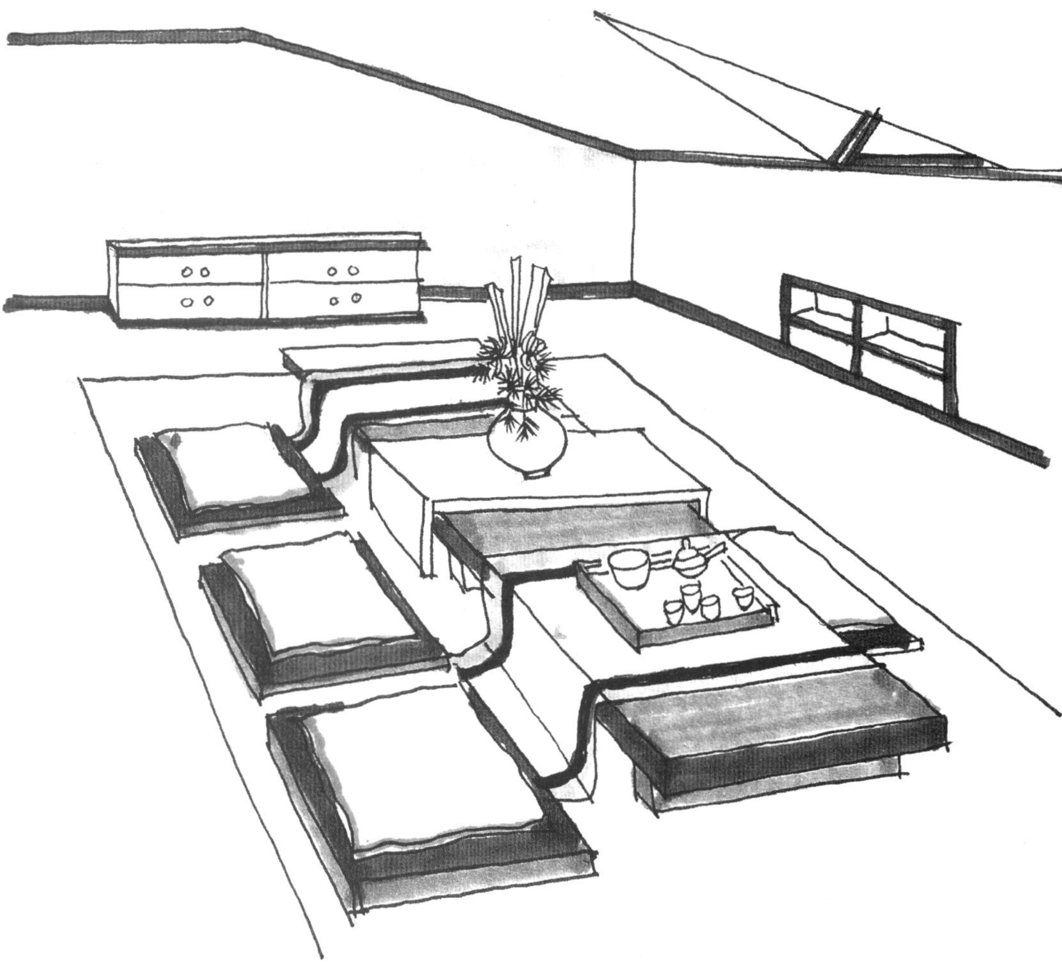

2. 침실

제품 드로잉의 침대 그리기가 충분한 연습이 되었다면 침실 공간 스케치에도 무리가 없을 것으로 보인다.

침대를 중심으로 침실 공간에서 표현될 가구를 하나씩 넣어서 그려본다.

투시도법에 충실하며 기존 가구를 교체해보는 것도 재미있는 방법이 될 수 있다.

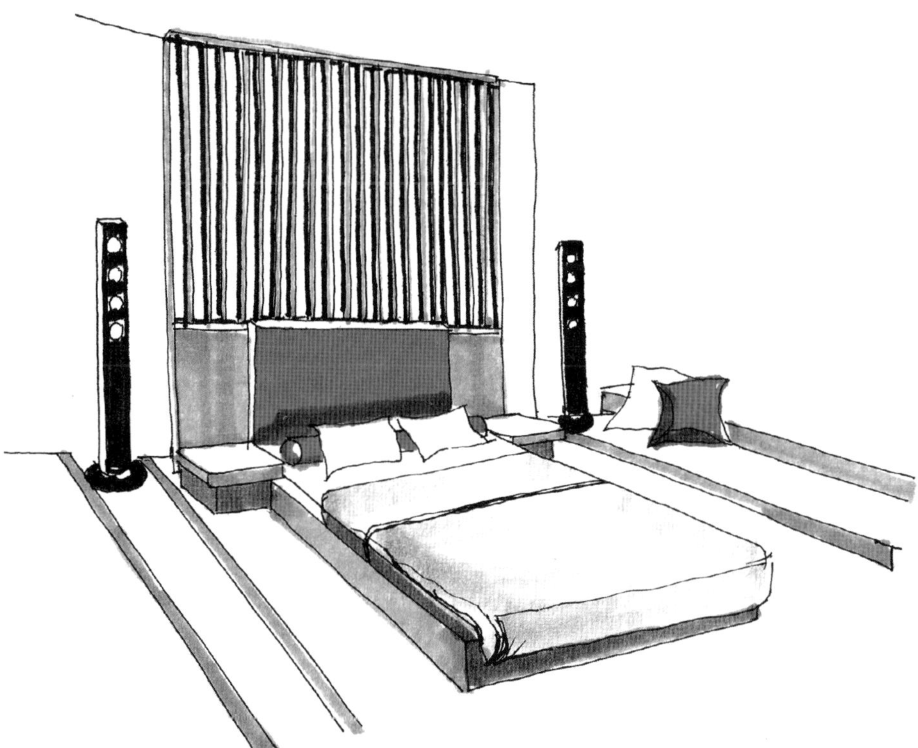

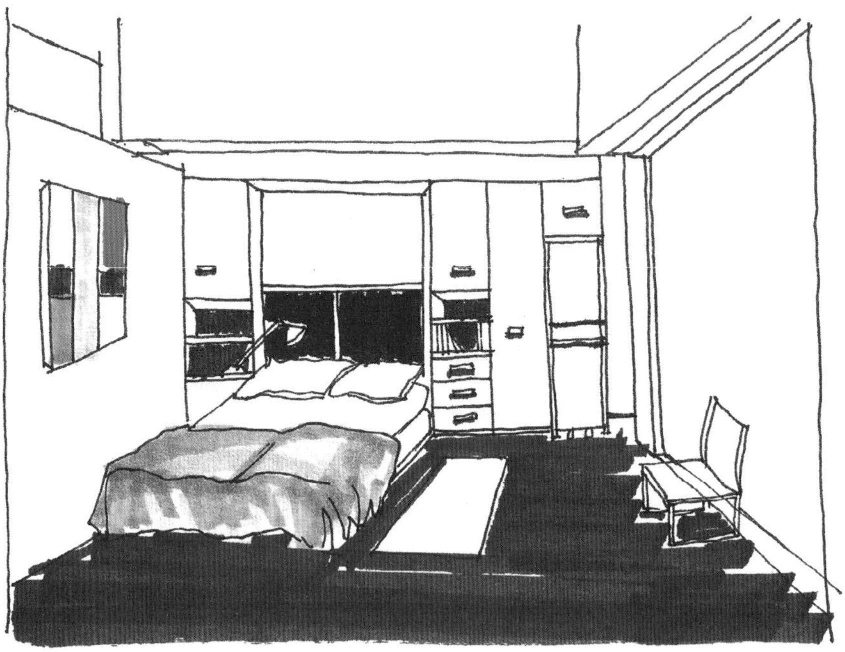

아동 침실의 표현 시 아동의 연령대에 맞는 가구의 선택이 필요하다.

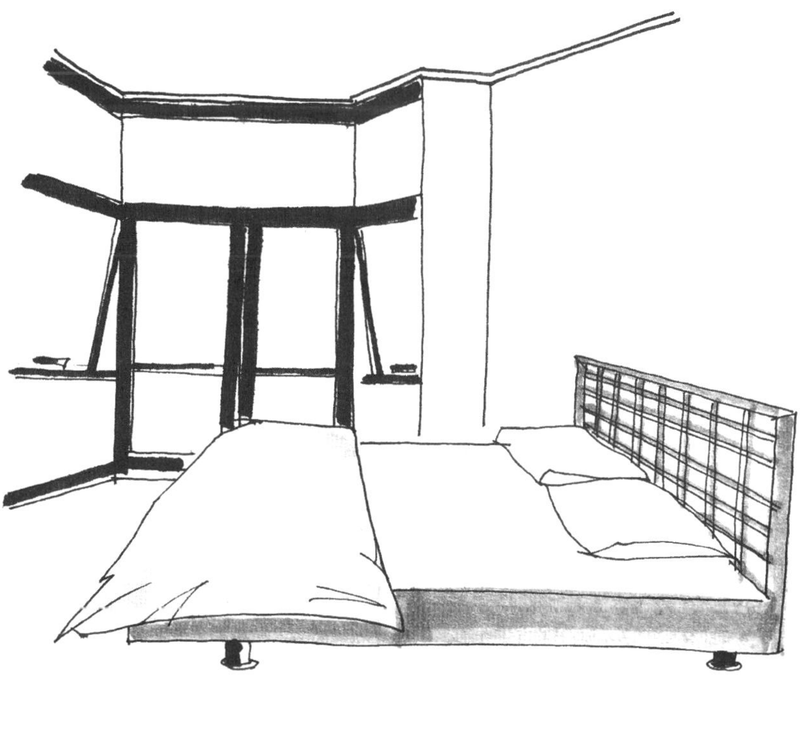

3. 아동실

아동의 연령에 맞는 가구의 선택이 필요하며 투시도법에 근거하여 기존 가구 스케치법을 활용하도록 한다.

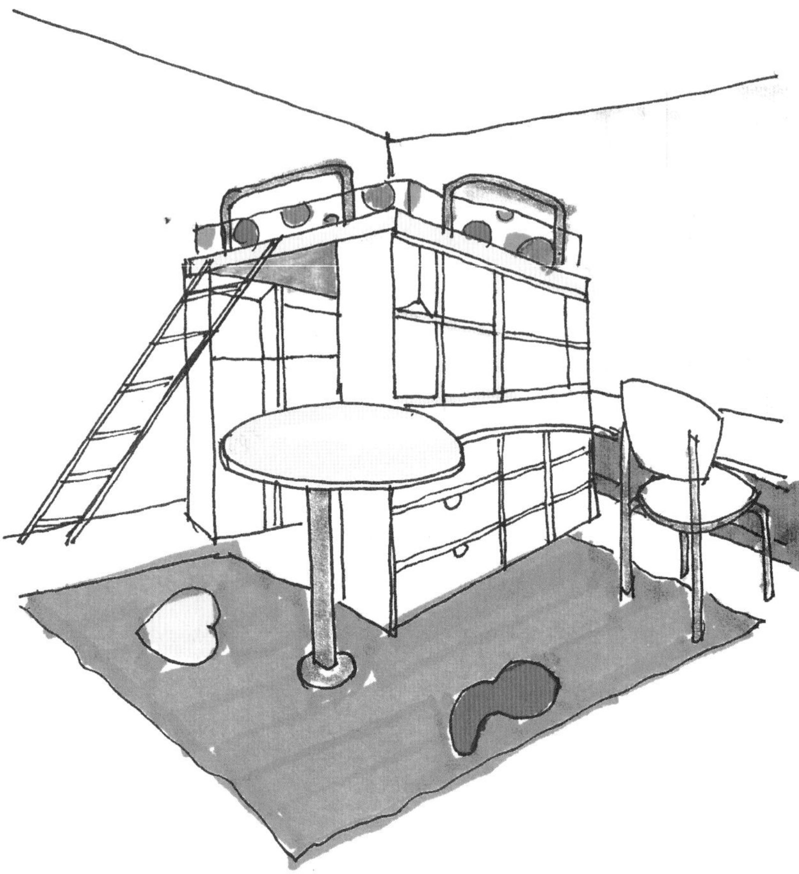

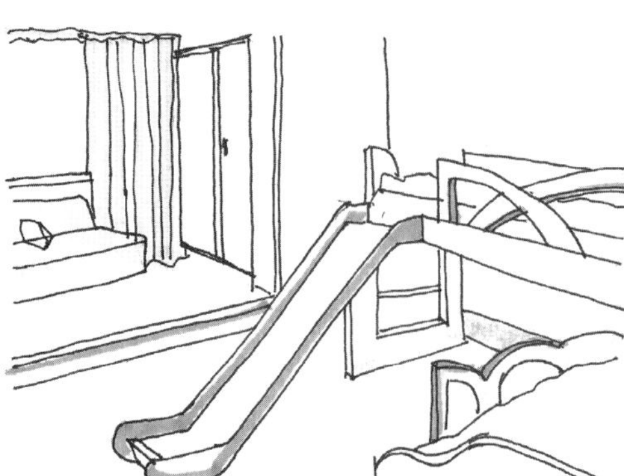

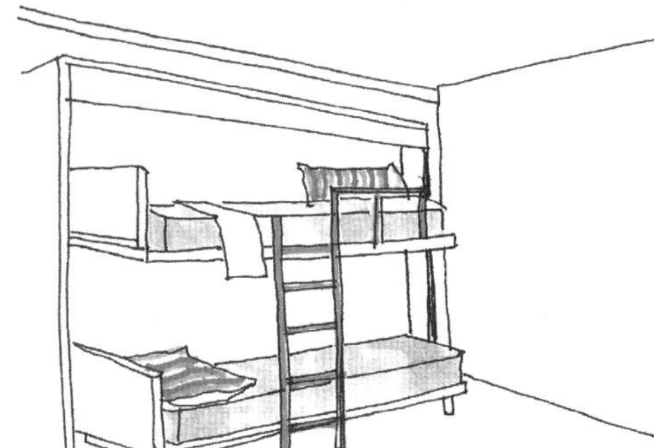

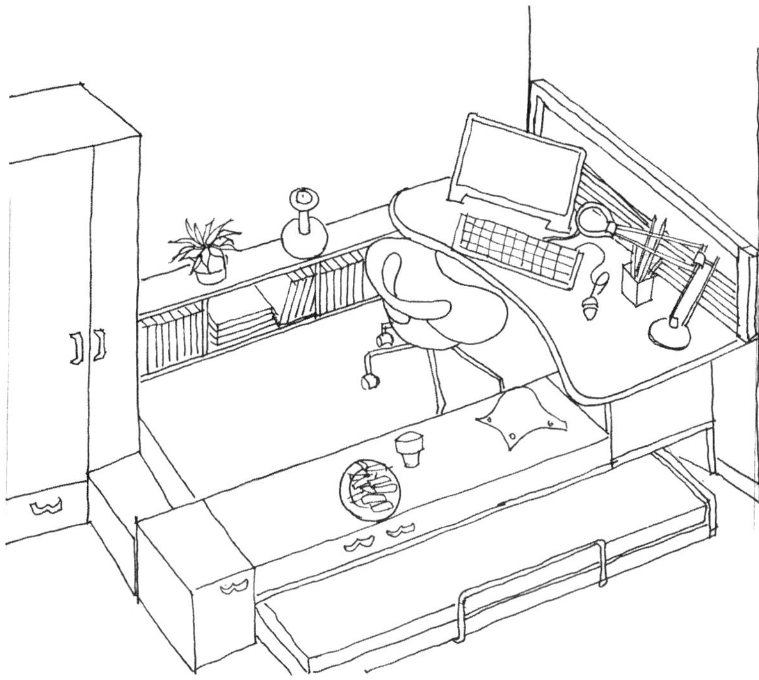

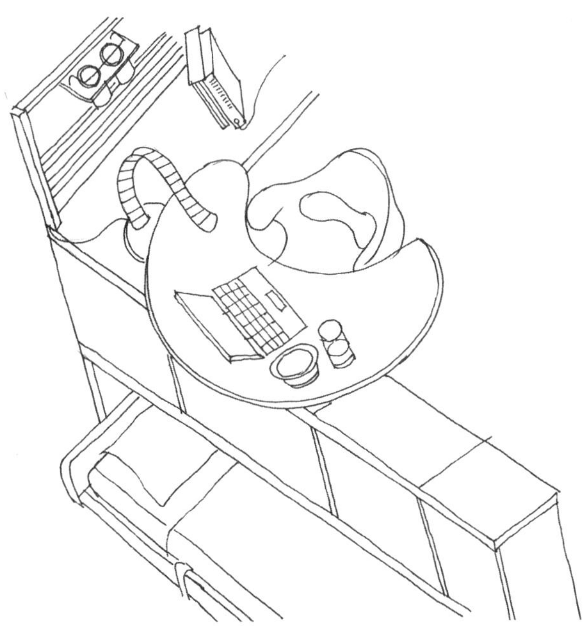

4. 주방 및 식당

주방은 가족의 식사와 접대 등의 다양한 활용과 주부의 취향이 가장 많이 나타나는 곳이므로 가구 선택 시 디자인의 통일이 요구된다.

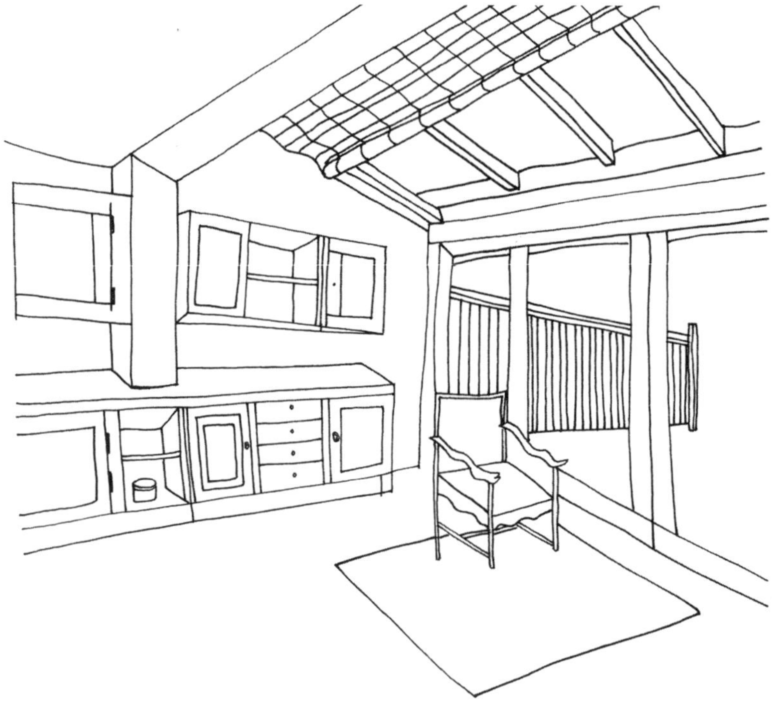

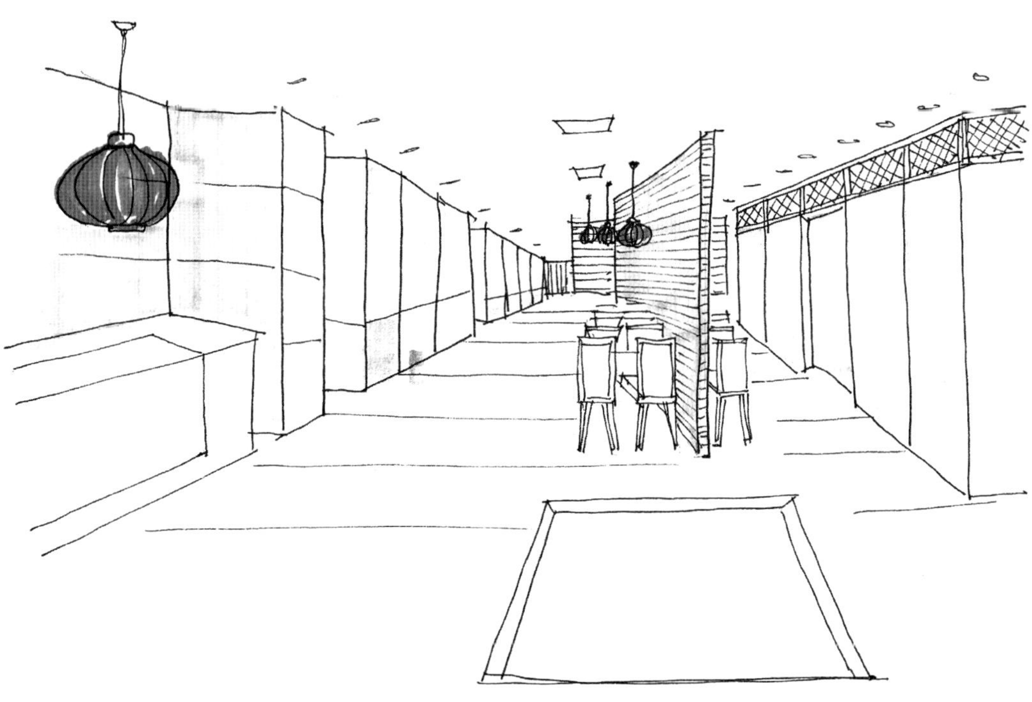

5. 욕실

욕실 제품에 대한 스케치가 익숙해지면 욕실 공간에 대한 표현을 점차적으로 넓혀가며 투시도법을 활용하여 그려본다.

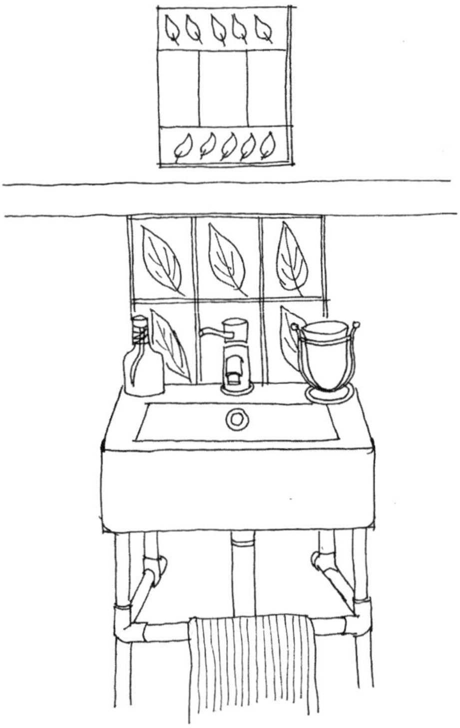

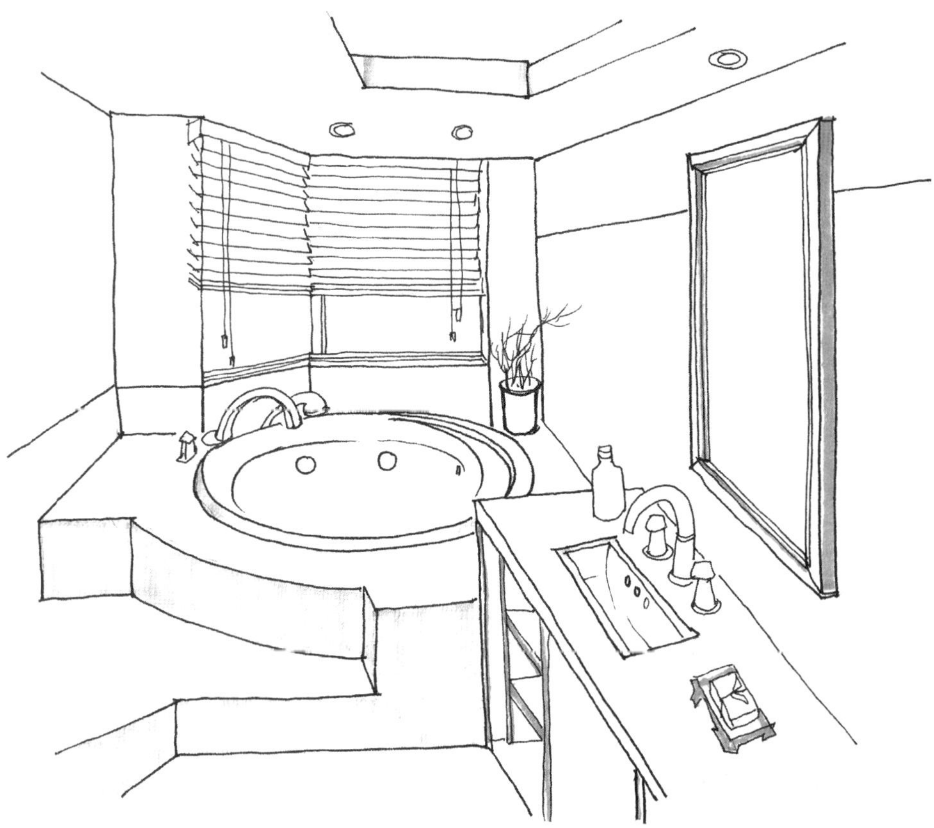

욕실 공간 드로잉

6. 계단실

계단의 표현은 공간을 역동적이게 보여줄 수 있는 표현 방법으로 기능성과 함께 장식성이 강하다.

● 장식성과 공간성이 강한 계단 스케치

투시도법에 의해 선의 방향과 면의 간격을 정확하게 설정하여 점차적으로 줄어들거나 늘어나도록 비례를 맞추어 그려본다. 음영을 그려주면 입체적인 느낌이 난다.

장식성이 큰 계단의 표현은 공간 전체의 이미지를 변화시킬 수 있다.

4

건축물 드로잉

04 건축물 드로잉

공간의 내부 드로잉에 자신이 생기면 좀 더 넓고 다양한 외부 건축물 드로잉을 시작한다. 건축물은 건물의 조형성과 주변의 수목 및 변화 있는 풍경들과 함께 도시의 이미지를 그려낼 수 있다.

잡지나 사진에 나와 있는 이국적인 풍경들을 모아 스케치한다.

화면에 중심을 잡아 중심이 되는 건축물을 기준으로 잡고 주변 건물들은 비례에 맞춰 그려나간다.

외국 여행 시 특별한 건축물이나 도시 모습을 사진으로 찍어 스케치해보는 것도 여행에 대한 좋은 추억을 다시 기억하도록 한다.

● 수목이 들어간 자연스런 도시 풍경 스케치

건물과 함께 수목을 그려 넣으면 건물이 돋보이며 자연스러운 도시 풍경이 된다.

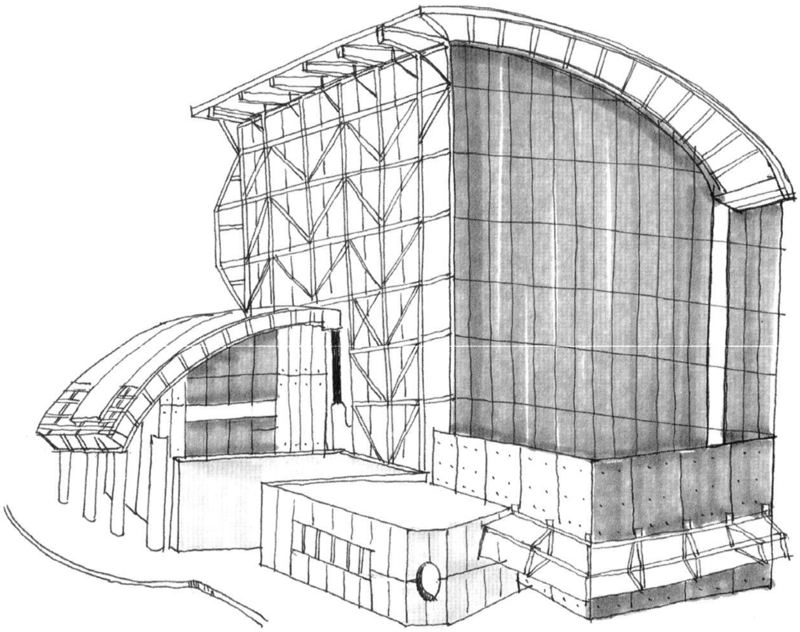

곡선 형태의 건물은 활동적이고 편안함을 준다.

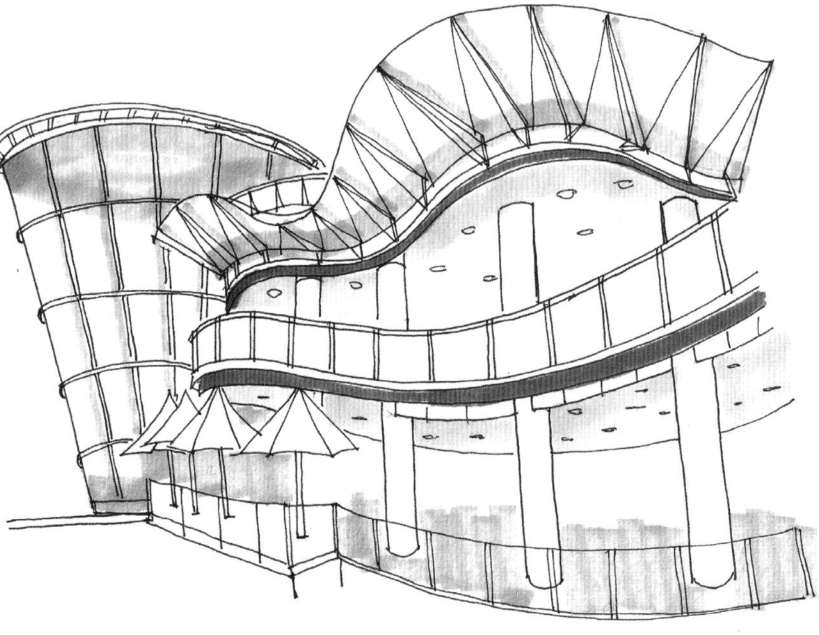

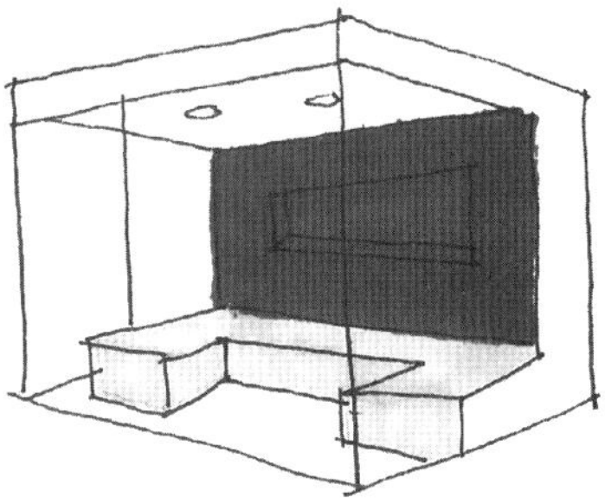

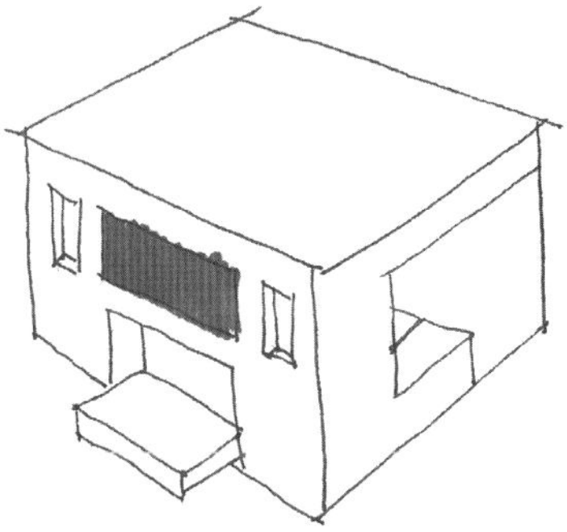

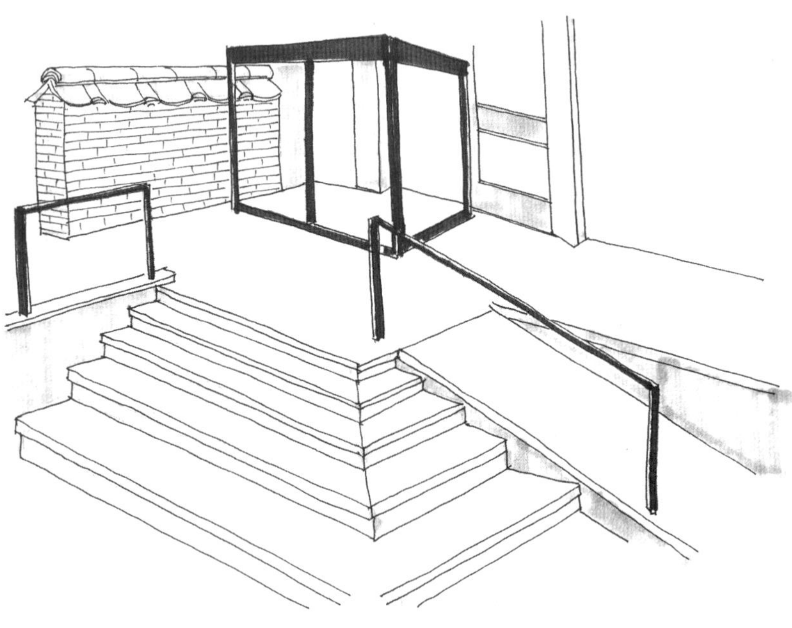

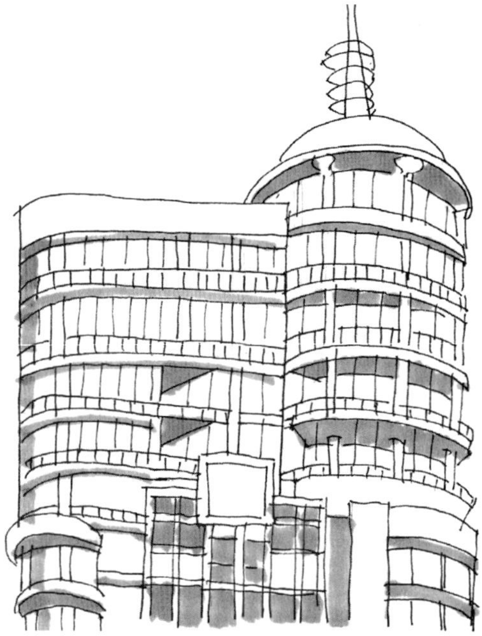

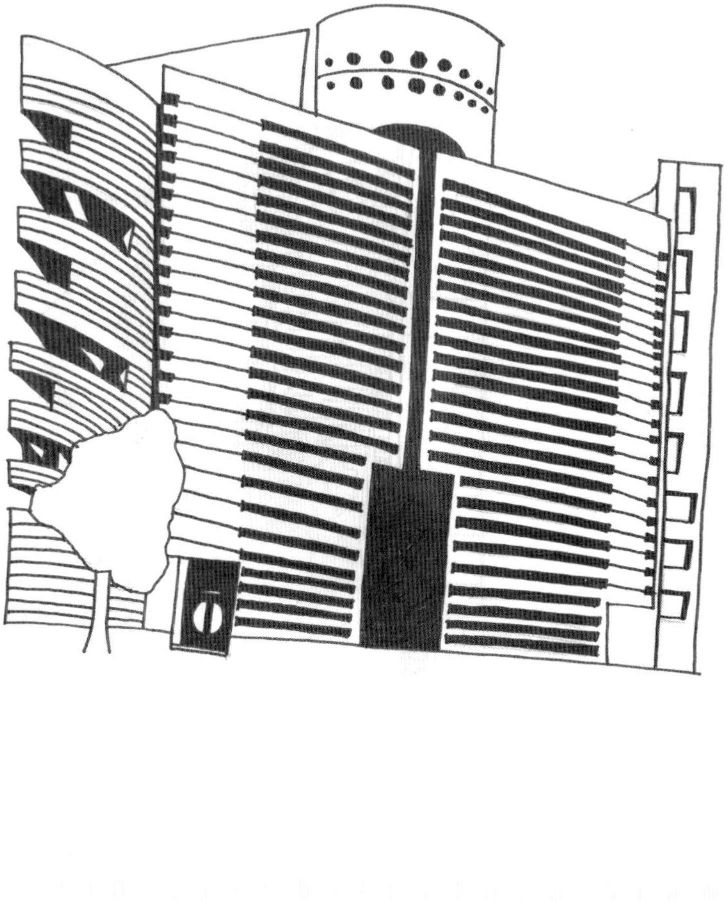

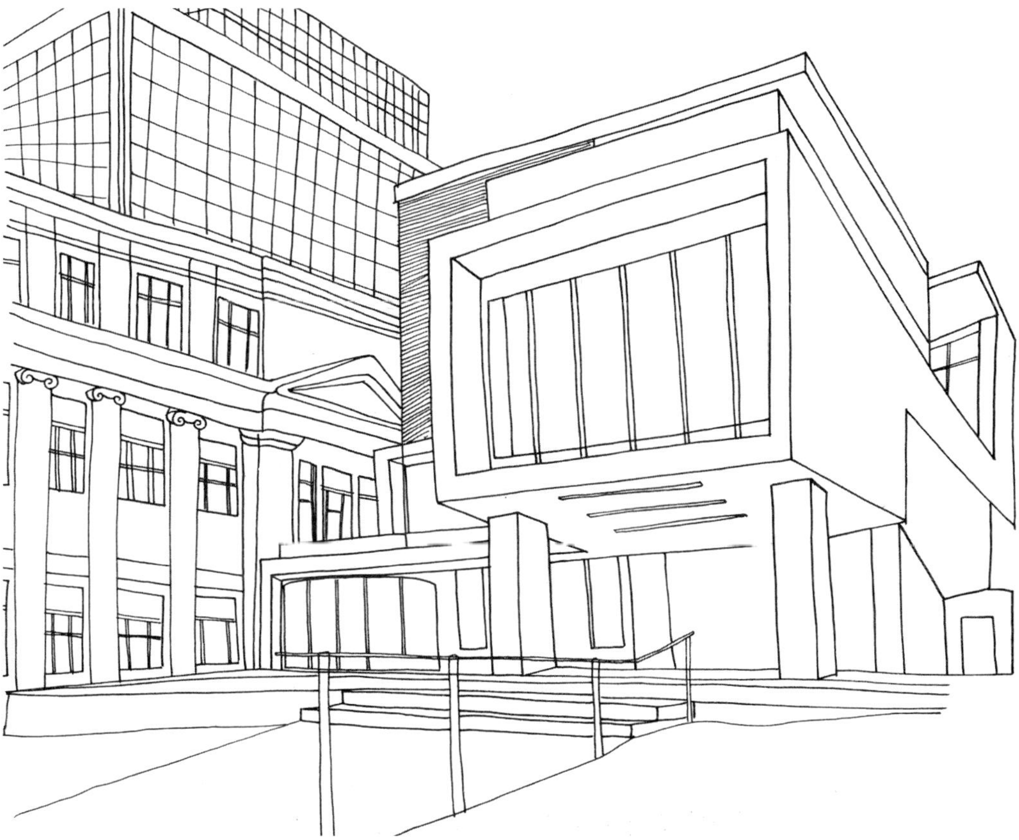

BREIL

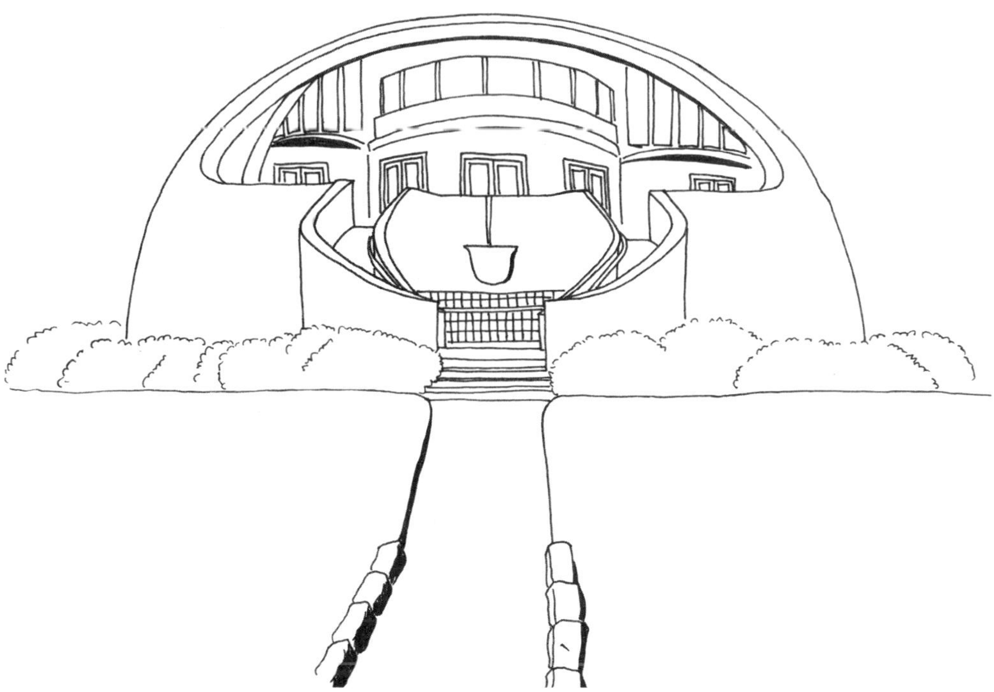

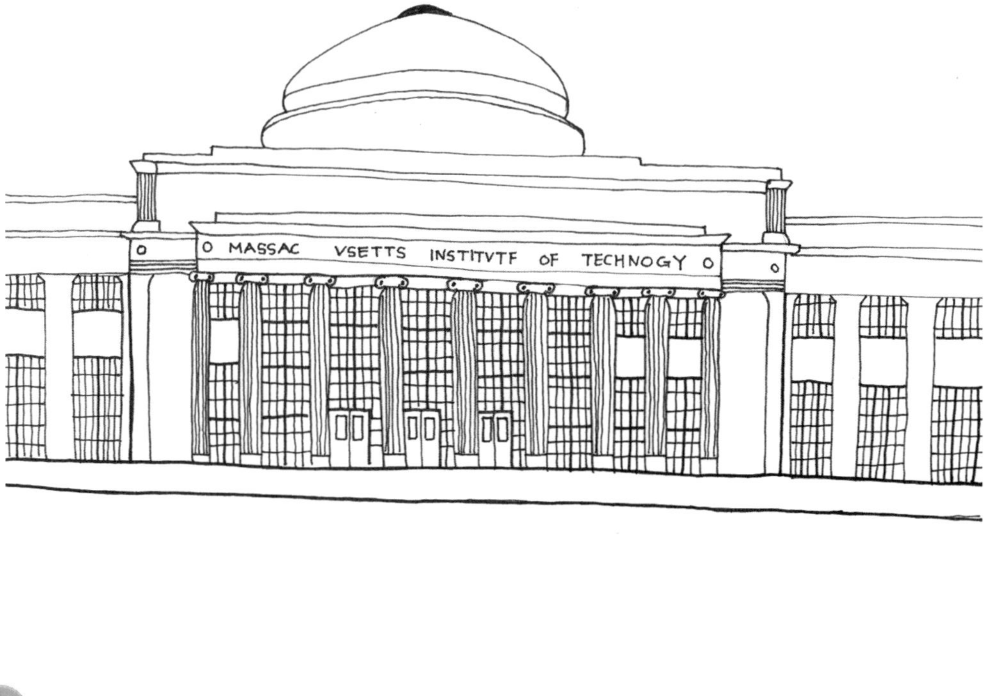
O MASSAC VSETTS INSTITVTF OF TECHNOGY O

건물의 입구 파사드. 장식적인 요소를 잘 표현한다.

BASEL

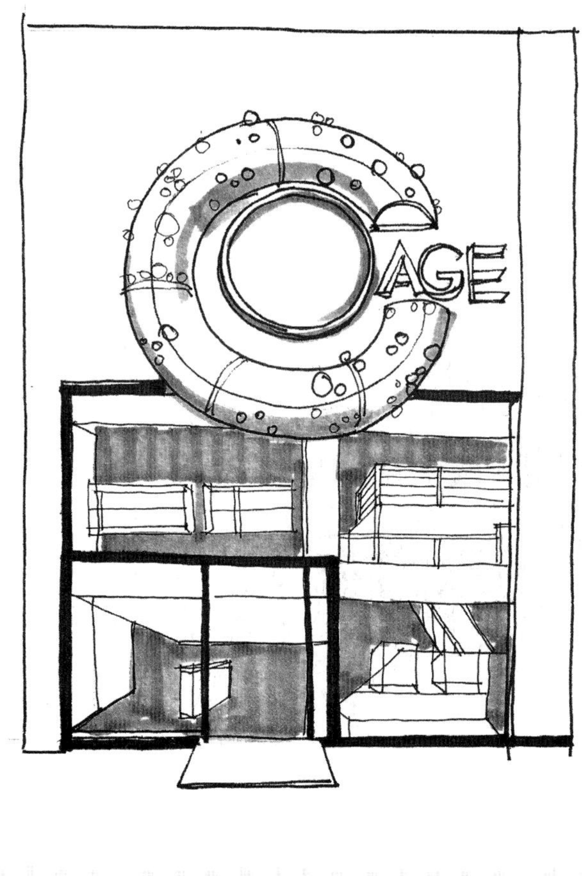
AGE

〉〉 05

부록 – 작품집

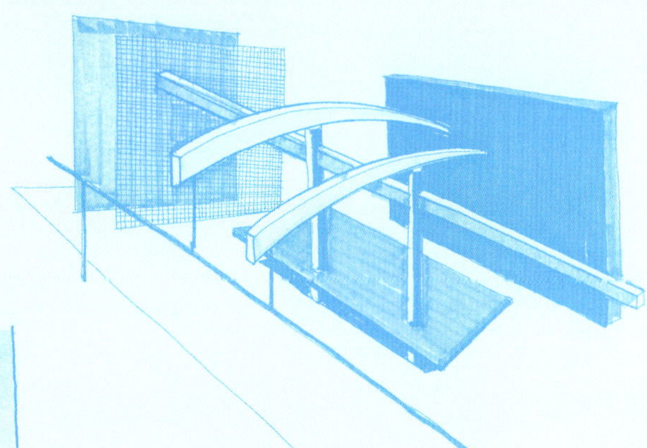

05 부록 – 작품집

일상생활에서 보여지는 모든 것들을 스케치 대상이 된다.
흔히 볼 수 있는 일상적인 소품과 아름다운 장식품이나 가구, 실내공간에 담겨진 모든 것들이 스케치라는 과정을 거쳐 하나의 작품으로 거듭날 수 있으며 나만의 소중한 추억이 될 수 있을 것이다.

● 이제부터 나만의 작품을 그려보자.

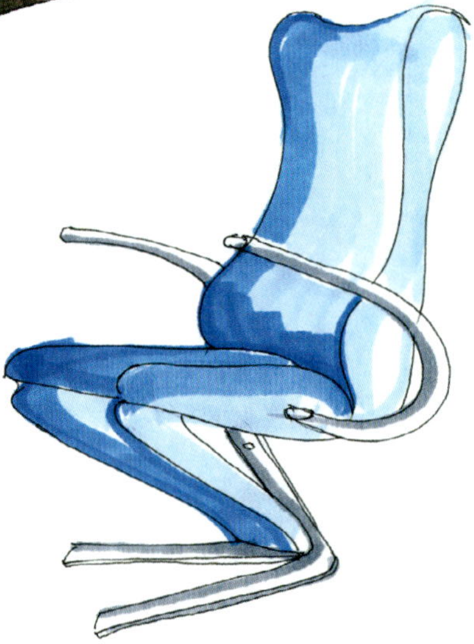

다양한 모양의 의자, 쇼파 드로잉

● 주방과 계단 드로잉

MO
HS

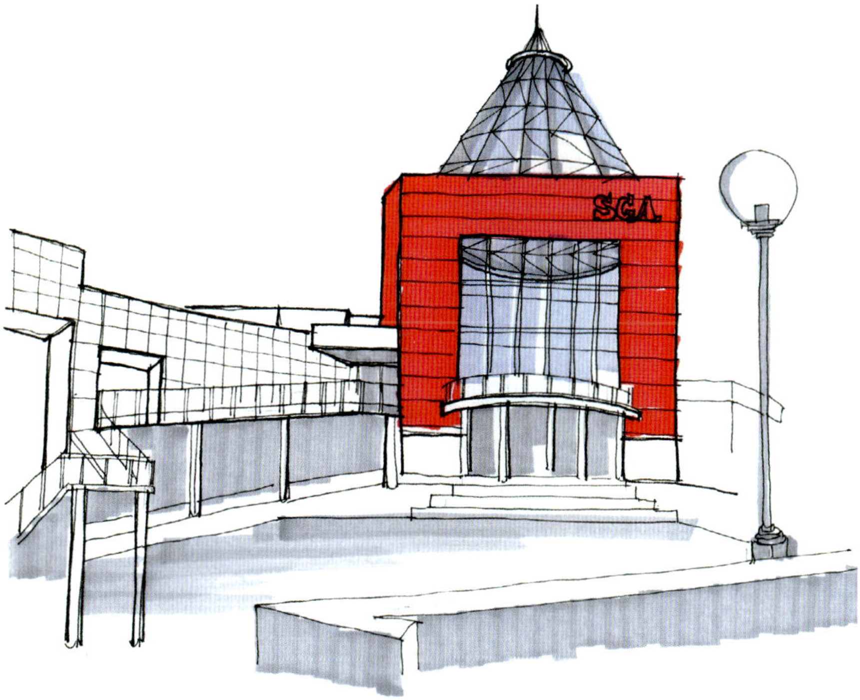

● 시드니 CITY

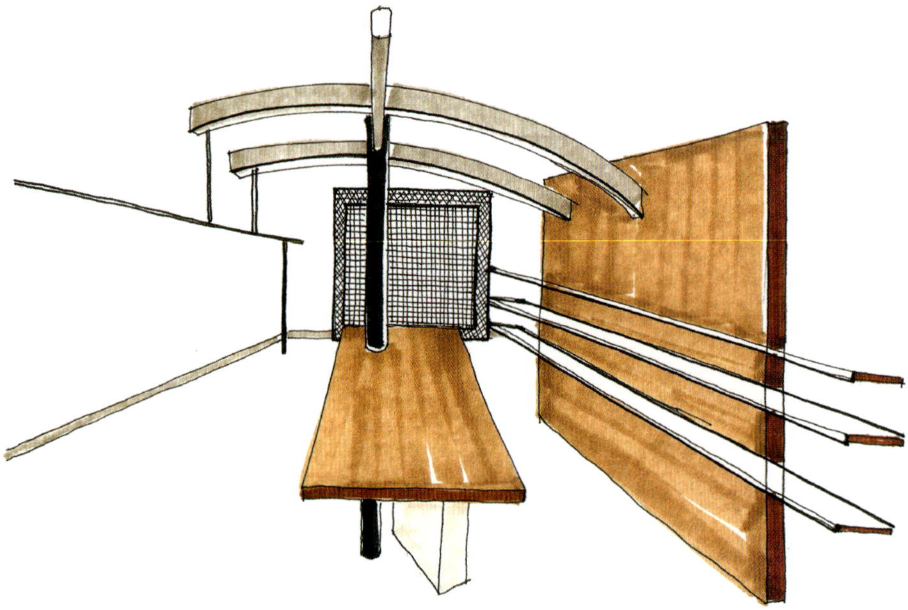

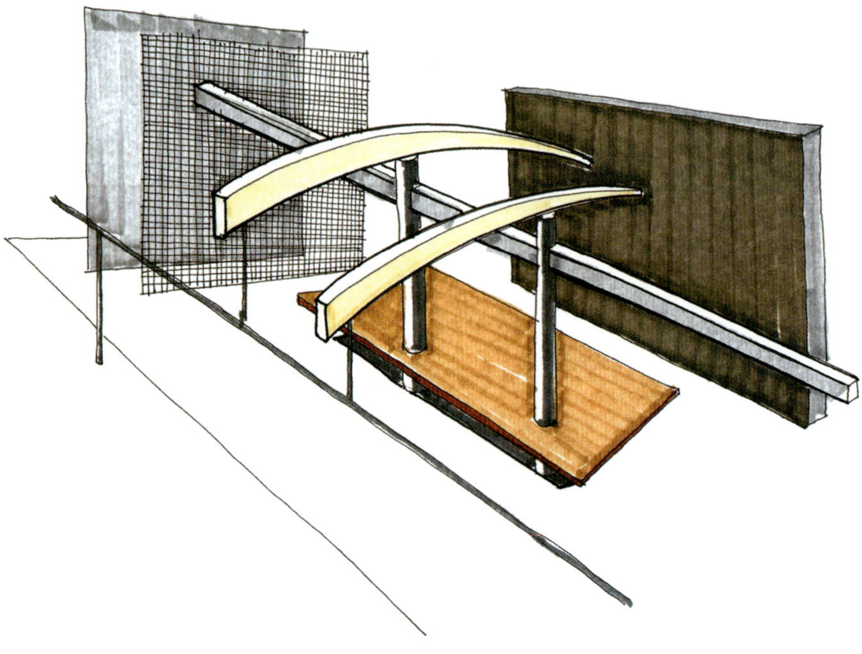

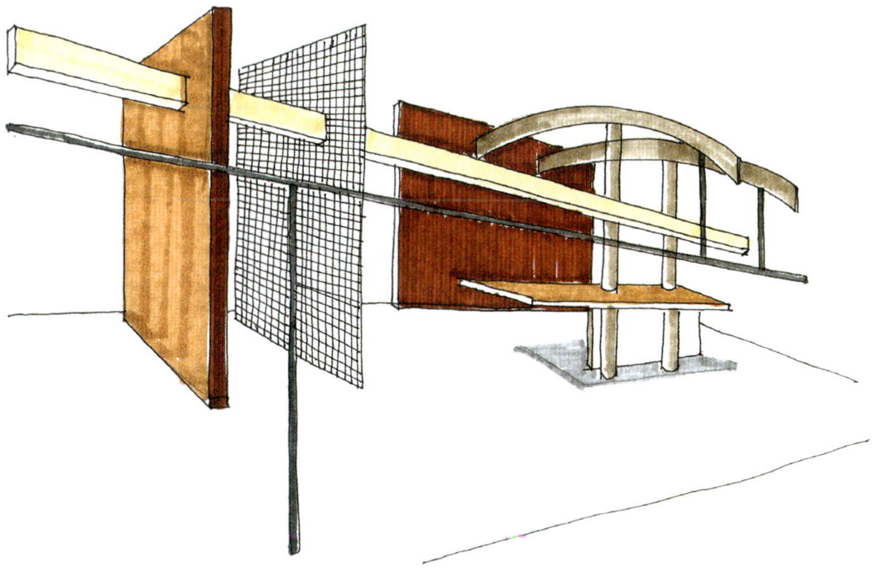

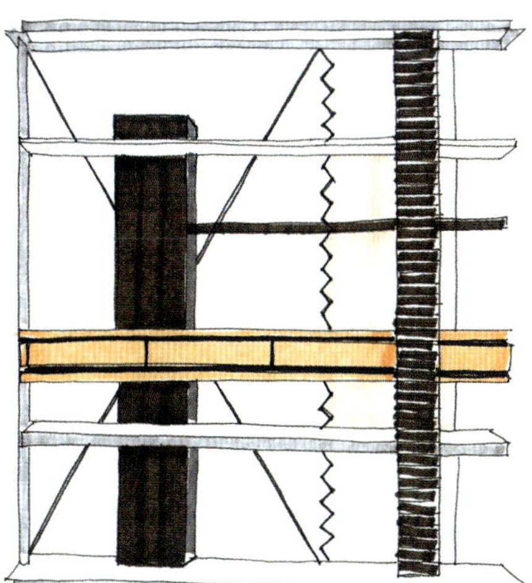

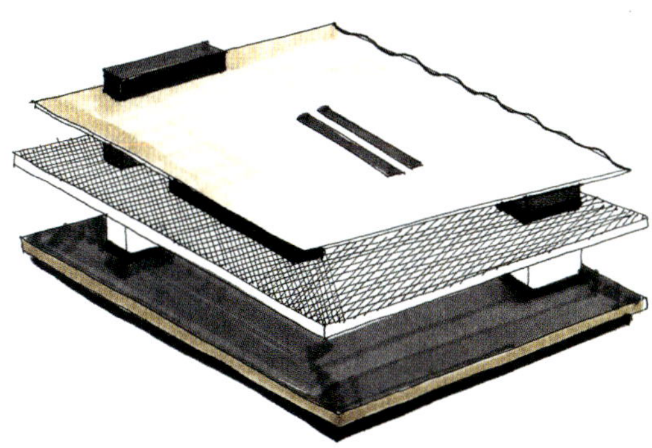

● 패널 작업

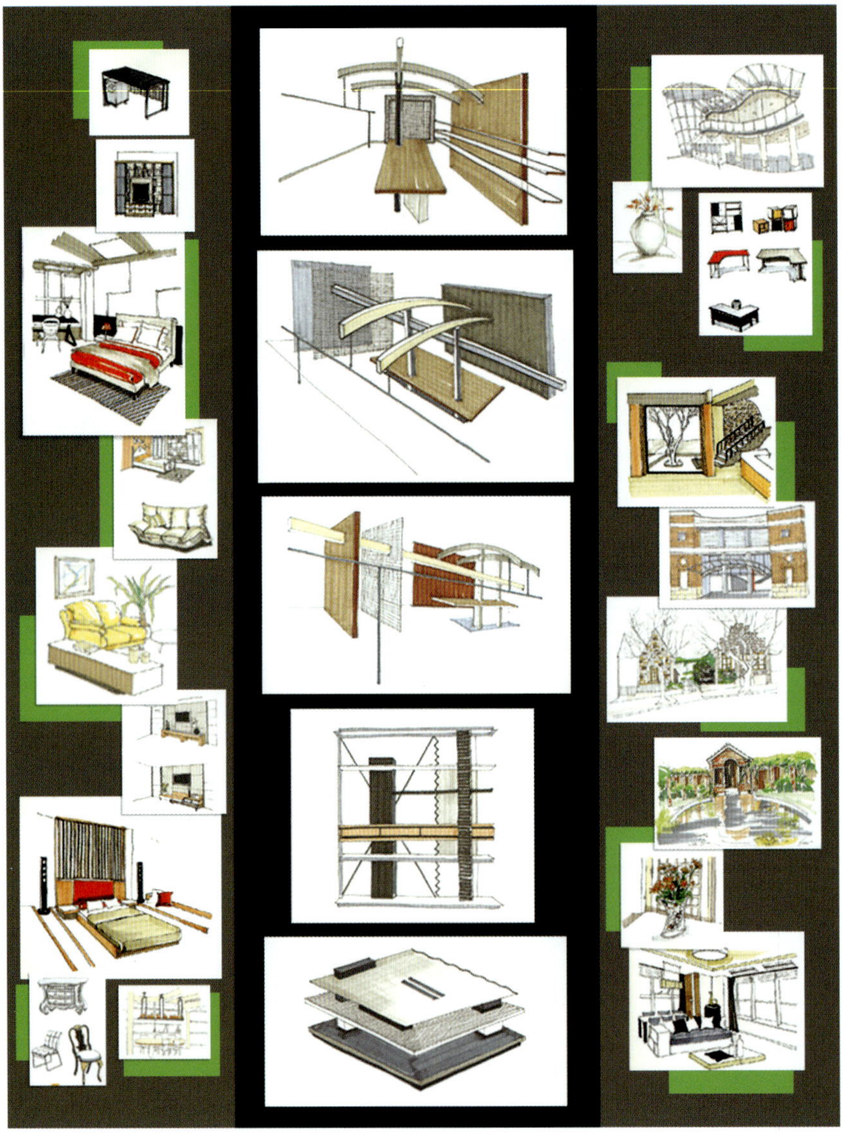

인테리어 공간에 표현된 드로잉

저자소개

정수임(鄭壽任)

홍익대학교 산미대학원 인테리어디자인전공
동의대학교 대학원 건축전공
현재 : 부산정보대학 인테리어디자인과 교수
부산실내디자인교수회원
부산시 건축심의위원, 부산, 경남 기술심의위원

저서 : 정밀묘사 (미진사)
인테리어워크스 (조형사)
인테리어프리젠테이션 (이집)
실내건축제도 (서우)
인테리어실무프로세스 (부산정보대출판부)

인테리어, 건축을 위한 드로잉

2010년 2월 17일 1판 1쇄 인쇄
2010년 2월 22일 1판 1쇄 발행

지은이: 정 수 임
펴낸이: 박 정 태

펴낸곳: **광 문 각**

413-756
경기도 파주시 교하읍 문발리 파주출판정보단지
500-8번지 광문각빌딩 4층
등 록: 1991. 5. 31 제12-484호
전화(代): 031)955-8787
팩 스: 031)955-3730
E-mail: kwangmk@unitel.co.kr
홈페이지: www.kwangmoonkag.co.kr

ISBN : 978-89-7093-557-7 93540

정가 : 17,000원